Shweta Gupta

Solução sem fios para a doença de Parkinson e a epilepsia com recurso à biónica

Shweta Gupta

Solução sem fios para a doença de Parkinson e a epilepsia com recurso à biónica

ScienciaScripts

Cover image: www.ingimage.com

This book is a translation from the original published under ISBN 978-3-330-32182-3.

Publisher:
Sciencia Scripts
is a trademark of
Dodo Books Indian Ocean Ltd. and OmniScriptum S.R.L publishing group

120 High Road, East Finchley, London, N2 9ED, United Kingdom
Str. Armeneasca 28/1, office 1, Chisinau MD-2012, Republic of Moldova, Europe
Managing Directors: Ieva Konstantinova, Victoria Ursu
info@omniscriptum.com

Printed at: see last page
ISBN: 978-620-8-40436-9

ÍNDICE

Prefácio

Esta tese centra-se no estudo da estimulação cerebral profunda sem fios (WDS) para o tratamento da doença de Parkinson e da epilepsia. A doença de Parkinson é uma perturbação do sistema nervoso central localizada na substância negra do cérebro, devida a uma degeneração das células produtoras de dopamina, que surge geralmente a partir dos 50 anos de idade. A epilepsia é uma doença do cérebro que provoca convulsões. O método mais difundido de tratamento desta doença é a estimulação cerebral profunda (DBS) por cabo. A DBS consiste em excitar o núcleo subtalâmico (STN) do cérebro com um sinal elétrico de alta frequência. Na tese, foi utilizada uma versão sem fios dos neuroestimuladores.

De acordo com a arquitetura proposta, o sistema protótipo consome menos espaço e energia do que outros sistemas e contém mais funcionalidades. Os oito amplificadores neurais de baixo ruído (LNAs) utilizados são multiplexados num único conversor analógico-digital (ADC) logarítmico de elevada gama dinâmica e em cadeia. Para poupar espaço e energia, é utilizado um ADC logarítmico de gama dinâmica elevada. Em vez de um filtro analógico, é utilizado um filtro digital no chip, que separa a energia de pico de baixa frequência de entrada (especificamente ruído) do potencial sinal de baixa frequência. O circuito integrado contém um controlador que gera padrões de estímulo para controlar os 64 conversores digital-analógicos (DAC) acionados por corrente no circuito integrado. Os 64 DACs formam uma cascata que consiste num único DAC comum de corrente grossa de 2 bits e 64 DACs individuais bidireccionais de corrente fina de 4 bits.

Um refinamento adicional da arquitetura proposta, que foi investigado no trabalho subjacente, é a estimulação cerebral profunda sem fios em circuito fechado baseada em registos (CDBS) com telemetria sem fios bidirecional. Um sistema de estimulação cerebral profunda em circuito fechado detecta e processa sinais de campo cerebral de baixa frequência para otimizar os parâmetros de estimulação. O sistema totalmente autónomo num único chip inclui LNAs, um log-ADC, filtros digitais de log, um log-DSP com controlador PI, estimuladores de corrente, um transcetor bidirecional sem fios, um gerador de relógio e um coletor de energia RF. O protótipo CMOS 2x2mm2 180nm consome 468iiW para registo e processamento de sinais neurais, estimulação e comunicação bidirecional sem fios.

A arquitetura proposta acima foi criada utilizando a ciência da biomimética ou biónica, que envolve a imitação da flora, da fauna ou de ecossistemas inteiros como base para o design - uma área de investigação em rápida expansão nos sectores da arquitetura e da engenharia. Isto deve-se, por um lado, ao facto de constituir uma fonte de inspiração para potenciais inovações e, por outro, ao potencial que oferece para a criação de um ambiente construído mais sustentável, ou mesmo regenerativo. No entanto, a aplicação prática e generalizada da biomimética como método de conceção ainda não foi, em grande medida, concretizada. Um conjunto crescente de investigação internacional destaca uma série de obstáculos à utilização da biomimética como método de conceção arquitetónica. Um obstáculo particular é a falta de uma definição clara das diferentes abordagens à biomimética que os projectistas podem utilizar inicialmente.

Foi demonstrado que estas diferentes abordagens podem conduzir a diferentes resultados em termos de sustentabilidade global. Através de uma revisão comparativa da literatura e de um estudo das tecnologias biomiméticas existentes, este trabalho destaca as diferentes abordagens de conceção biomimética que se desenvolveram. Foi desenvolvido um quadro para compreender as diferentes formas de biomimetismo, que é utilizado para discutir as diferentes vantagens e desvantagens inerentes a cada um destes métodos como método de conceção ou potencial de regeneração.

Postula-se que uma abordagem biomimética à conceção arquitetónica, que envolva uma compreensão dos ecossistemas, pode tornar-se um meio de criar um ambiente construído que ultrapasse a simples preservação das condições actuais para se tornar uma prática restauradora, na qual o ambiente construído se torna um elemento essencial de integração e regeneração dos ecossistemas naturais.

PALAVRAS-CHAVE
Estimulação cerebral profunda em circuito fechado (CDBS), CDBS sem fios, neuroestimuladores, biónica.

Capítulo 1

1. Introdução

Este capítulo analisa a solução sem fios para a epilepsia e a doença de Parkinson utilizando a biónica, com uma introdução a três conceitos-chave como a biónica, a doença de Parkinson e a epilepsia. A epilepsia e a doença de Parkinson são doenças cerebrais degenerativas causadas por células produtoras de dopamina na substância negra do cérebro. A epilepsia provoca convulsões e a doença de Parkinson aparece geralmente depois dos 50 anos de idade, e o paciente tem problemas relacionados com o movimento, problemas sensoriais e tremores. Existem neuroestimuladores com fio no mercado, mas têm muitos riscos, como infecções, levam à rutura, etc. Por isso, neste trabalho, desenvolvi uma solução sem fios para os neuroestimuladores para combater estas doenças.

1.1 Definição do problema

Os neuroestimuladores são a tecnologia mais recente e bem sucedida na eletrónica biomédica para o tratamento da epilepsia e da doença de Parkinson, mas, infelizmente, são de difícil ligação. A tese baseia-se na hipótese de que existe um padrão neural específico na doença de Parkinson e que existem os parâmetros de estimulação mais eficazes para aliviar os sintomas de padrões de informação neural anormais.

1.2 Objectivos gerais

Trata-se essencialmente da versão sem fios do neuroestimulador baseado em biónica, que fornece um dispositivo de fácil utilização que imita o funcionamento do sistema neural do corpo humano. O dispositivo de estimulação cerebral profunda em circuito fechado (CDBS) analisa os parâmetros únicos da estimulação eléctrica para o tratamento da doença de Parkinson e da epilepsia e calcula os parâmetros que aliviam os sintomas da doença.

1.2.1 Objectivos específicos

Os objectivos específicos da investigação são

1. O pequeno dispositivo implantável deve ser desenvolvido para uma implantação bem sucedida e sem riscos, com elevada estabilidade e reforço.
2. Versão sem fios com menos risco de infeção, porque há menos cabos para colocar e o dispositivo ocupa menos espaço.
3. O objetivo é reduzir os riscos associados ao recarregamento do dispositivo e à sua reprogramação. O dispositivo proposto na tese tem front ends que registam sinais neurais, um canal totalmente programado que emite sinais de estímulo e um algoritmo programável que utiliza os sinais neurais registados como feedback.

1.3 Biónica

Do meu ponto de vista de designer, pergunto-me por que razão não posso conceber um edifício

como uma árvore? Um edifício que produz oxigénio, fixa azoto, armazena carbono, destila água, constrói solo, recupera energia solar como combustível, produz açúcares e alimentos complexos, cria microclimas, muda de cor com as estações e replica-se a si próprio. Usamos a natureza como modelo e mentor, não como um fardo pesado.
É uma perspetiva encantadora... [1]

A biomimética ou biónica é a ciência que estuda a natureza, em particular as flores, os animais, as aves e os ecossistemas, para fins de conceção arquitetónica e de engenharia [2]. As concepções inspiradas na biomimética ou na biónica são discutidas por investigadores e profissionais no domínio das inovações e invenções, mas a aplicação da biomimética na prática ainda não foi concretizada, como demonstram os estudos de caso analisados até agora [3]. Exemplos de biomimética bem sucedida incluem o carro biónico da DaimlerCrysler, desenvolvido através do estudo dos padrões de crescimento do peixe-cofre e das árvores.

Um organismo reconhecido internacionalmente define a biomimética como a metodologia de passagem da biologia para a tecnologia [4], sendo a tecnologia copiada da biologia, o que resulta em vários obstáculos à sua implementação. Um obstáculo particular é a implementação da biónica sem a abordagem claramente definida originalmente utilizada pelos engenheiros.

Uma definição simples de biónica pode ser explicada da seguinte forma: Todos sabemos que o Todo-Poderoso é o criador da natureza, na qual cada organismo tem a sua própria estrutura corporal distinta, a forma como sobrevive no ambiente e se desenvolve de acordo com as suas necessidades e se adapta em conformidade com o seu ambiente. Este mecanismo da natureza, nomeadamente da flora e da fauna [5], inspira os cientistas e os engenheiros a desenvolverem novos avanços tecnológicos.

1.3.1 Diferentes abordagens à biomimética

Existem duas categorias em que as diferentes abordagens ao processo de conceção podem ser analisadas utilizando o conceito de biomimética: Em primeiro lugar, a biomimética, em que bio significa biologia e mimetismo significa imitação da natureza. A ideia é estudar a natureza para desenvolver uma tecnologia técnica para o futuro que tornará a vida das pessoas mais confortável e orientada para a tecnologia. Em segundo lugar, a biomimética ou biónica nunca utiliza organismos, mas apenas esquemas [6], os mecanismos internos dos organismos. As soluções desenvolvidas desta forma são mais sustentáveis, funcionam melhor, poupam energia, reduzem o custo dos materiais, definem novas categorias de produtos e expandem a indústria.

1.3.2 Design com vista à biologia

Agora, os engenheiros e os cientistas identificam o problema e, com a ajuda de biólogos, estudam a natureza circundante para encontrar uma solução, identificando organismos ou habitats vegetais semelhantes, etc., e decifram assim o conceito subjacente, levando ao desenvolvimento de uma nova tecnologia.

Um exemplo de como esta abordagem pode ser aplicada na vida real é o protótipo *do carro biónico* da DaimlerChrysler (Figura 1). A mente imortal do homem queria criar um carro com um grande volume mas com rodas pequenas. Enquanto procuravam na natureza, os cientistas depararam-se com o peixe-caixa *(Ostracion meleagris)*, um peixe aerodinâmico [7], e pensaram em imitar a sua estrutura e dar ao carro uma forma de caixa. A estrutura global e o chassis são biomiméticos, tal como a estrutura em questão e a do automóvel são biomiméticas.

Figura 1: O carro biónico da DaimlerCrysler, inspirado nos modelos de crescimento do peixe-cofre e das árvores.

O impacto potencial de uma conceção arquitetónica que mapeia análogos biológicos para problemas de conceção identificados pelo homem é que a abordagem fundamental a um determinado problema e o modo como os edifícios se relacionam entre si e com os ecossistemas de que fazem parte não são examinados. As causas fundamentais de um ambiente construído insustentável ou mesmo degenerativo não são, por conseguinte, necessariamente tidas em conta numa tal abordagem [5] .

O *carro biónico* (Figura 1) ilustra este ponto. É mais eficiente em termos de consumo de combustível, porque a carroçaria é mais aerodinâmica graças à imitação do peixe-balão. É também mais eficiente em termos de materiais, porque os padrões de crescimento das árvores são imitados para determinar os requisitos mínimos de material para a estrutura do carro. O carro em si, no entanto, não é uma nova abordagem ao transporte. Em vez disso, foram introduzidas pequenas melhorias na tecnologia existente, sem reexaminar a própria ideia do automóvel como uma resposta ao transporte individual [6].

Os designers podem explorar potenciais soluções biomiméticas sem ter um conhecimento científico profundo, ou mesmo sem colaborar com um biólogo ou ecologista, se puderem observar organismos ou ecossistemas ou aceder a resultados de investigação biológica disponíveis. No entanto, com um conhecimento científico limitado, a transposição deste conhecimento biológico para os projectos das pessoas pode permanecer a um nível superficial. Por exemplo, é fácil imitar as formas e certos aspectos mecânicos dos organismos, mas é difícil imitar outros aspectos, como os processos químicos, sem colaboração científica [7] .

"Reduzir, reutilizar, reciclar" era o conceito básico dos ambientalistas, que se concentravam principalmente em produzir menos, reutilizar mais e reciclar [8]. Seguindo o exemplo da natureza, uma árvore produz milhares de sementes sob a forma de flores e frutos e dissemina-as. Esta quantidade não é considerada um desperdício, mas, pelo contrário, uma medida bela, segura e eficaz. De facto, após a sua vida biológica útil, entram no processo de reciclagem, um resíduo biológico que é transformado num nutriente técnico. Um exemplo muito bom é uma folha que, tecnicamente, não é realmente papel, mas um material sintético feito de resíduos biológicos, como resinas e cargas inorgânicas.

1.4 A biologia influencia a conceção

Por vezes, a biologia inspira o design humano, pelo que o processo evolutivo conduz mais à investigação biológica e ecológica [9] do que a soluções criadas pelo homem. Um exemplo cientificamente comprovado é o da flor de lótus, que se transforma de uma água pantanosa numa flor limpa e florescente, acabando por conduzir a várias inovações de design, explicadas mais pormenorizadamente a seguir, incluindo a tinta Lotusan da Sto, que permite que os edifícios se limpem a si próprios (fig. 2) [10].

Figura 2: Pinturas de lótus inspiradas no lótus

O homem evoluiu durante um longo período e é mais velho do que a mais antiga floresta viva. Outras espécies também evoluíram ao longo dos anos através de um processo contínuo de adaptação ao ambiente e de luta contra todas as adversidades. Por conseguinte, se considerarmos as abordagens adoptadas pelos seres humanos e por outras espécies, bem como as possíveis soluções adoptadas pela tecnologia para se adaptarem ao ambiente e evoluírem, verificamos que a abordagem é apenas 12% semelhante e que a principal diferença reside no facto de a abordagem principal da biologia consistir em ter em conta informações bem estudadas sobre o ambiente e a estrutura das espécies, enquanto a tecnologia resolve principalmente o problema através da manipulação da utilização da energia [11]. O homem e a natureza adoptam abordagens técnicas diferentes, e um bom exemplo é o facto de existirem cantos rectos por toda a parte nas coisas criadas pelo homem: a borda do documento Word em que estou a escrever este texto, cantos de mesas, cantos de ruas, cantos de pavimentos, portas, prateleiras, tijolos, etc. [12]. No entanto, se olharmos para os objectos criados pela natureza, como parques, campos e florestas, os ângulos rectos são raros; isto mostra claramente a diferença entre os desenhos criados pelo homem e os criados pela natureza. Um dos aspectos positivos desta forma de pensar, e dos avanços tecnológicos, é que a biologia pode inspirar desenhos de uma forma que não tinha sido pensada anteriormente, e que a abordagem global da ação e da perceção das coisas é diferente.

No entanto, a desvantagem desta abordagem é que a metodologia de investigação deve incluir interpretações biológicas e a identificação de certos remédios ou soluções para a conceção de problemas humanos reais, pelo que os cientistas e biólogos devem ser capazes de reconhecer os resultados da sua investigação no desenvolvimento de novas aplicações.

1.5 Aplicações da biomimética no mundo real

A discussão das duas abordagens leva a uma compreensão individual de três aspectos a ter em conta na conceção de um problema, nomeadamente os efeitos estruturais, o funcionamento ou processo do organismo e o ambiente. Estes três aspectos são, portanto, particularmente importantes na imitação do organismo ou da natureza.

São desenvolvidos diferentes enquadramentos para a aplicação da biomimética na tese, utilizando as abordagens acima mencionadas: a biologia influencia a conceção e a conceção influencia a biologia, o que acaba por conduzir a estudos estruturais, estudos da função ou processo biológico no organismo e no ambiente.

Começaremos por discutir a parte do quadro "orgânico" que precisa de ser "imitada", o chamado nível.

Após um estudo cuidadoso das tecnologias biomiméticas existentes, podemos concluir que existem três tipos ou níveis de imitação: o estudo da estrutura do organismo, o comportamento do organismo e o ambiente ecológico que nos rodeia. O nível do organismo refere-se a um organismo específico, como uma planta ou um animal, e pode envolver a imitação de parte ou da totalidade do organismo. O segundo nível refere-se à cópia do comportamento e pode envolver a tradução do comportamento de um organismo e o desenvolvimento do aspeto mecânico de uma máquina. O terceiro nível consiste em imitar todo o ecossistema e, assim, desenvolver a máquina humana.

Estes três níveis podem ser divididos em cinco dimensões possíveis nas quais a imitação pode existir. O design pode ser biónico se imitar a estrutura ou a aparência (forma), se imitar o material de que é feito (material), o modo como é feito (construção), o modo como funciona (processo) e a função que pode desempenhar (função). Alguns exemplos, apresentados no quadro 1, justificam facilmente a classificação acima referida.

Nível de Biomimicry		*Example - A bionic building that imitates termites:*
	Form	The building looks like a termite.
	Material	Material used in making a termite is same as that used in building ; which implies termite skin / exoskeleton
Organism level (Mimicry of a specific organism)	*Construction*	The construction of the building is same as that of a termite for example, when it is made, it imitates different growth cycles termite goes through.
	Process	The process adopted in making the building is same as

		that of an individual termite; it produces hydrogen efficiently through meta-genomics for example.
	Function	The building imitates the functions of a termite in a larger context; it recycles cellulose waste and creates soil for example.
Behaviour level (Mimicry of how an organism behaves or relates to its larger context)	*Form*	The building looks like it was made by a termite; a replica of a termite mound for example.
	Material	The building is made from the same materials that a termite builds with; using digested fine soil as the primary material for example.
	Construction	The building is made in the same way that a termite would build in; piling earth in certain places at certain times for example.
	Process	The building works in the same way as a termite mound would; by careful orientation, shape, materials selection and natural ventilation for example, or it mimics how termites work together.
		The building functions in the same way that it would

	Function	if made by termites; internal conditions are regulated to be optimal and thermally stable for example : It may also function in the same way that a termite mound does in a larger context.
Ecosystem level (Mimicry of an ecosystem)	*Form*	The building looks like an ecosystem (a termite would live in).
	Material	The building is made from the same kind of materials that (a termite) ecosystem is made of; it uses naturally occurring common compounds, and water as the primary chemical medium for example.
	Constructi on	The building is assembled in the same way as a (termite) ecosystem; principles of succession and increasing complexity over time are used for example.
	Process	The building works in the same way as a (termite) ecosystem; it captures and converts energy from the sun, and stores water for example.

Quadro 1: Um quadro para a aplicação da biomimética

Parte-se do princípio de que existe uma certa relação entre os diferentes tipos de biomimetismo e que os diferentes tipos de biomimetismo são interdependentes, como se pode ver no quadro acima.

1.6 Nível da organização

Os organismos vivos evoluíram durante milhões de anos em resposta às necessidades e às alterações dos sistemas ecológicos circundantes. O autor salienta *que "a investigação e o desenvolvimento já estão terminados"*. Assim, o homem inspirou-se em inúmeros exemplos para resolver os problemas da sociedade que os organismos já experimentaram neste mundo, geralmente sob a forma de energia e materialismo. O homem é assim muito ajudado, pois pode adaptar-se ao ambiente em mudança estudando os métodos utilizados pelos organismos criados por Deus.

Um bom exemplo é a imitação do escaravelho do deserto da Namíbia, *o stenocara* [13]. Neste exemplo, o objetivo é imitar o escaravelho, que tem muito pouca água à sua disposição num deserto onde a precipitação é insignificante. O escaravelho adapta-se ao seu ambiente e capta a humidade do nevoeiro que atravessa rapidamente o deserto, inclinando o seu corpo ao vento. A superfície rugosa, que é alternadamente hidrofílica, coberta de cera, e hidrofóbica, não coberta de cera, forma gotas nas costas e nas asas do escaravelho, que rolam para a sua boca. Isto pode facilmente servir de inspiração para o fabrico de condensadores e motores de água à escala comercial [14]. Matthew Parkes, da KSS Architects, estudou a biomimética do escaravelho ao nível do organismo e propôs-a para a conceção do captador de nevoeiro do centro hidrológico da Universidade da Namíbia (fig. 3) [15]. Depois de ter estudado cuidadosamente a superfície do escaravelho e de o ter imitado para conceber os apanhadores de nevoeiro, foi também proposto e utilizado para eliminar o nevoeiro das pistas dos aeroportos, melhorando assim a recolha da condensação nas instalações de desumidificação. Ajudou também os agricultores a irrigar os seus campos [16].

Figura 3: O Centro Hidrológico Matthew Parkes da Universidade da Namíbia e o escaravelho Stenocara

Figura 4: O Terminal Internacional de Waterloo da Nicholas Grimshaw & Partners e o pangolim

Aproveitar o poder da natureza é o que os cientistas e biólogos pretendem fazer com o poder da biónica. O projeto de Nicholas Grimshaw & Partners para o Terminal Internacional de Waterloo é um exemplo de biomimética da forma e do processo ao nível do organismo (fig. 4). O principal objetivo do terminal é alterar a pressão do ar à medida que os comboios entram e saem do terminal. O método utilizado para o conseguir é imitar a disposição flexível das escamas dos pangolins, que se movem em resposta às forças de pressão atmosférica impostas [17].

Se nos limitarmos a imitar o organismo, sem ter em conta o ambiente em que este participa e que contribui para o contexto mais vasto do ecossistema, também ele pode dar origem a projectos que podem ser sensatos e sustentáveis. Dado que a imitação de organismos se baseia geralmente num conceito específico em vez de ter em conta todos os aspectos, o resultado é que a biomimética se torna uma tecnologia que é acrescentada aos edifícios e não uma parte integrante dos mesmos, especialmente se os projectistas tiverem poucos conhecimentos de biologia e consultarem biólogos ou ecologistas nas fases iniciais do projeto. Embora isto possa conduzir a tecnologias ou materiais de construção novos e inspiradores, as medidas para aumentar a sustentabilidade não são necessariamente investigadas.

1.7 Nível comportamental

Se discutirmos a biomimética a um nível comportamental, chegamos à conclusão de que os seres humanos e os organismos enfrentam os mesmos problemas ambientais, pelo que o poder da natureza pode ser aproveitado e os organismos são imitados a um nível comportamental para resolver problemas. Outro ponto é que tudo o que é desenvolvido utilizando a biomimética deve ser holístico e sustentável [18], o que significa que o subproduto não deve prejudicar ou destruir a natureza.

Outro termo é engenheiro de ecossistemas, o que significa que os organismos podem controlar direta ou indiretamente outras espécies e provocar alterações nos materiais e sistemas bióticos e abióticos (não vivos) [19]. Os engenheiros dos ecossistemas modificam os seus habitats quer através da alteração da sua estrutura, como os corais, quer através de alterações mecânicas, como os castores e os pica-paus. Da mesma forma, os seres humanos tendem a ser bons e eficientes engenheiros de ecossistemas, pelo que devemos imitar os organismos que são engenheiros de ecossistemas, uma vez que não prejudicam a integridade da natureza e proporcionam projectos mais sustentáveis [20]. Outro exemplo são as formigas, que vivem em colónias e se comportam como soldados, enfermeiros, ajudantes ou trabalhadores, inspirando os engenheiros humanos a construir colónias e a imitar diferentes categorias, como rainhas, trabalhadores, soldados e enfermeiros. Do mesmo modo, algumas espécies de morcegos, nomeadamente os morcegos vampiros, partilham as suas refeições. Se um determinado morcego não consegue recolher alimentos para a sua refeição, o morcego bem alimentado dá algum do seu alimento ao morcego esfomeado, regurgitando-o. Estes dois exemplos ilustram a ajuda mútua entre espécies. O comportamento de construção de outras espécies é frequentemente designado por *"arquitetura animal"* [21].

Outro exemplo é a família ptilonorhynchidae, a imitação ou imitação do animal.

O macho está a tentar atrair a fêmea a partir do exterior. Tal como no exemplo anterior, o caramanchão foi construído a partir da Austrália e o macho atraiu a fêmea do exterior do caramanchão. Como mostra a figura, a fêmea está dentro do caramanchão e o macho está a tentar atraí-la do exterior. O comportamento do macho é frenético e, por vezes, até ameaçador. O macho ataca a fêmea, saltando para o ar e bicando os ramos, por vezes levantando-os com o bico ou atirando-os para longe. Emite sons bonitos, como assobios, estalidos e assobios que parecem o ladrar de um pássaro ou de um cão [22].

Figura 5: Ave de arbour: a magnífica ilustração de página dupla de John e Elizabeth Gould em Birds of Australia (1848) mostra o macho da ave de arbour a exibir-se no exterior do seu arbour, enquanto a fêmea atenta permanece no interior.

Outra classificação dos engenheiros do ecossistema é a dos engenheiros autógenos e alógenos. Existem diferentes tipos de adaptação à natureza, classificados como engenheiros autogénicos e alogénicos. Os engenheiros autogénicos incluem os corais e as árvores, que se adaptam ao ambiente modificando a sua estrutura física. Os engenheiros alogénicos incluem os pica-paus e os castores, que se adaptam às mudanças na natureza ou enfrentam os desafios da natureza transformando materiais vivos ou não vivos através de meios físicos ou químicos. Um bom exemplo de um engenheiro alogénico é o castor norte-americano *(beaver canadensis)* (Figura 6) que, ao modificar a paisagem, cria zonas húmidas, contribuindo assim para o armazenamento de nutrientes e o aumento da diversidade vegetal e animal, tornando o ecossistema mais resistente a perturbações [20].

Figura 6: Castor da América do Norte

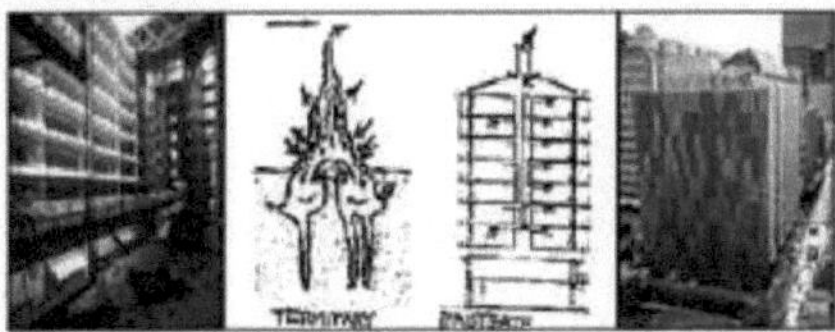

Figura 7: Edifício EastGate em Harare, Zimbabué, e edifício CH2 em Melbourne, Austrália

Segue-se a classificação da biónica ao nível comportamental, o que significa que, para além de imitarmos o organismo, também imitamos o seu comportamento. O Eastgate Building de Mick Pearce em Harare, Zimbabué, e o CH2 Building em Melbourne, Austrália, são exemplos arquitectónicos de imitação biónica comportamental ao nível dos processos e funções (Figura 7). Estes edifícios utilizam o mesmo conceito que as térmitas utilizam para construir os seus montes. Têm ventilação passiva e regulação térmica e estão localizados perto de um aquífero onde a água é utilizada para arrefecimento evaporativo [23].

O principal pré-requisito para a imitação de comportamentos é a avaliação ética que deve ser efectuada antes de os benefícios da natureza serem efetivamente imitados e utilizados para o desenvolvimento da vida humana. No entanto, isto não se aplica a todos os organismos, e alguns deles podem exibir comportamentos que não são adequados para imitação pelos humanos e podem ser perigosos uma vez implementados. Por exemplo, imitar o comportamento de construção (e os resultados subsequentes) das térmitas pode ser adequado para criar edifícios termicamente confortáveis e regulados passivamente. No entanto, imitar a estrutura social das colónias de térmitas não seria adequado se estivessem em causa os direitos humanos universais. Talvez seja mais sensato imitar certas práticas de construção e sobrevivência que aumentam a durabilidade e a capacidade de regeneração das construções humanas, em vez de imitar aquelas que podem ser aplicadas a áreas sociais ou económicas sem uma reflexão cuidadosa. Um exemplo é a afirmação de que devemos *"gerir os nossos assuntos como uma floresta de sequóias"*.

1.8 Nível do ecossistema

Como veremos mais adiante, os sistemas ecológicos podem ser imitados no design e são parte integrante da biomimética [23]. Um bom exemplo de ecomimética é a análise dos fenómenos da fotossíntese e da respiração. Há cerca de 100.000 anos, quando os homo sapiens viviam na Terra e eram caçadores, havia um problema de energia que foi resolvido pelo processo de fotossíntese, e a fotossíntese produzia muito oxigénio, que era combatido pelo processo de respiração. O desenvolvimento deste novo fenómeno baseou-se, portanto, na ecomimética [24]. Entendemos por ecomimética uma forma sustentável de biomimética cujo objetivo é o bem-estar dos ecossistemas e das pessoas, e não *"o poder, o prestígio ou o lucro"*. Na ecomimética

O sistema biomimético centra-se na construção de edifícios e no seu impacto negativo na natureza, que por sua vez nos afecta a nós. Desta forma, a ecomimética entra em jogo para melhorar a conceção arquitetónica e desenvolver edifícios eco-compatíveis [25].

"Compatible connection to geology makes people feel buildings are grounded."
Frank Lloyd Wright

1.9 Design ecológico e biofílico na prática

Existem dois projectos de design biofílico premiados em ecologia, que oferecem uma solução de desenvolvimento arquitetónico tendo em conta a proteção da natureza. Um deles é o Kandalama Hotel, um hotel de luxo no Sri Lanka (Figura 8). O outro é o Kroon Hall, situado no movimentado campus da Universidade de Yale [26]. Ambos são capazes de incorporar o design biofílico, preservando assim o equilíbrio ecológico. Veja-se o exemplo do Hotel Kandalama, fundado por Geoffery Bawa, nos arredores de Dambulla, no Srilanka. No âmbito da sua conceção biofílica, o hotel foi premiado pela reflorestação do terreno do hotel e da zona circundante, pelo tratamento das águas residuais no local, por um programa de reciclagem e pelo desenvolvimento de relações com a comunidade local.

O Kroon Hall da Universidade de Yale, projetado por Michael Hopkins Architects, contém a maioria dos elementos biofílicos, tais como a utilização da maior parte da luz natural (Figura 9), pedra local e

Figura 8: Vistas diferentes do hotel Kandalama

A madeira provém da floresta local de Yale e o sistema de tratamento de águas inclui peixes e vegetação natural. Quanto às infra-estruturas, a maior parte da luz natural é aproveitada, especialmente no terceiro andar, dando a impressão de uma catedral ou de um local sagrado na floresta de Yale.

Figura 9: **Kroon Hall na Universidade de Yale**

Na preparação para a fase industrial, a ecologia pode ser mantida em quatro ecossistemas
No que diz respeito ao ciclo, os resíduos de um ciclo transformam-se em alimentos noutro e a energia passa de uma forma para outra. O carácter local significa que os actores do ecossistema se adaptam às mudanças e são compatíveis com o ambiente. Diversidade significa que diferentes organismos respondem de formas diferentes ao ambiente, e exemplos de recifes de coral e florestas tropicais respondem de formas semelhantes [27].

No que diz respeito à biomimética, existem duas formas de a utilizar para resolver problemas humanos: em primeiro lugar, estudando a natureza e imitando-a para resolver problemas humanos e, em segundo lugar, identificando caraterísticas particulares de organismos ou ecossistemas e utilizando-as para fornecer uma solução para os seres humanos.

Tendo em conta os diferentes aspectos do ecossistema na conceção de um edifício arquitetónico, o East Gate Building de Mick Pearce em Harare, no Zimbabué, e o projeto CH2 em Melbourne, na Austrália, basearam-se no comportamento de construção das térmitas, que constroem colinas, utilizando ventilação passiva (Figura 10) [28].

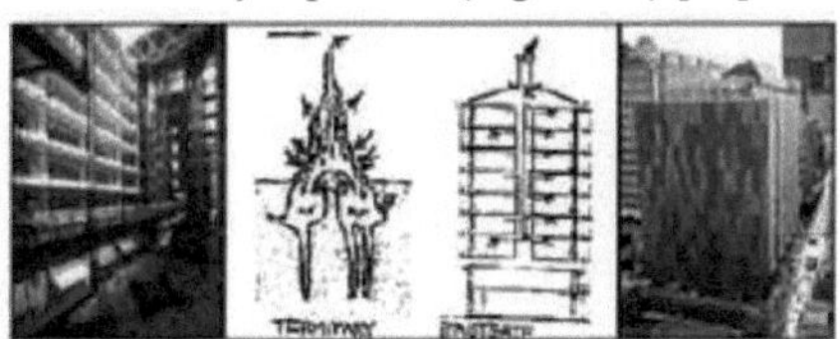

Figura 10: Edifício East Gate em Harare, Zimbabué, e edifício CH2 em Melbourne, Austrália.

Embora não se conheçam exemplos arquitectónicos que demonstrem uma biomimética totalmente baseada no ecossistema ao nível do processo ou funcional, existem propostas de projectos que apresentam aspectos dessa abordagem. Um exemplo é o projeto Lloyd Crossing, proposto por uma equipa de design constituída por Mithun Architects e GreenWorks Landscape Architecture Consultants, para Portland, Oregon. O projeto utiliza estimativas do funcionamento do ecossistema que existia antes da construção do local, denominadas *Pre-development Metrics*, para estabelecer objectivos para o desempenho ecológico do projeto durante um longo período [29].

A natureza ou o ambiente natural que nos rodeia é a principal fonte de biomimetismo. Na biomimética, o ambiente natural é a principal fonte de conhecimento. Os principais papéis da natureza descritos pelo quadro 3M de Benyus, que podem inspirar a biomimética, são um modelo, uma medida e um mentor. O conceito 4M foi agora acrescentado. Em primeiro lugar, **gerir** a origem e o destino da ideia inovadora emprestada da natureza. Em segundo lugar, **reproduzir** a conceção no projeto arquitetónico do edifício. Em terceiro lugar**, modelar**, utilizando a natureza como modelo para a conceção humana. Quarto, **medir,** o que significa completar a fase de conceção na natureza e compará-la com o desempenho e os padrões da natureza [30].

Outro exemplo de uma abordagem de conceção biomimética baseada no ecossistema é o Projeto Lloyd Crossing (Figura 11). O Projeto Lloyd Crossing foi designado como a Fonte Natural Finita Mais Valiosa pelo Governador de Maverick, Tom McCall, em 8 de janeiro de 1973. Hoje em dia, ostenta nomes como "Sede Americana do Urbanismo", "o sonho verde americano" e "a maior cidade europeia da América". A estratégia de implementação do projeto foi concebida para garantir que as pessoas desfrutem tanto da vida urbana como do ambiente ecológico. O aspeto mais importante da construção é o facto de não ser apenas tecnicamente viável, mas também esteticamente desejável e financeiramente rentável. O projeto abrange uma área de 35 quarteirões no Lloyd District, situado a nordeste (do outro lado do rio Willamette) do centro de Portland. O potencial da zona reside no facto de o plano incluir 2,8 milhões de metros quadrados de espaço circundante que será transformado numa sociedade de habitação, incluindo a Rose Garden Arena e o Centro de Convenções do Oregon. Chama-se Lloyd Crossing porque é o futuro ponto de encontro entre o sistema de metro ligeiro existente e a nova linha de elétrico prevista [31].

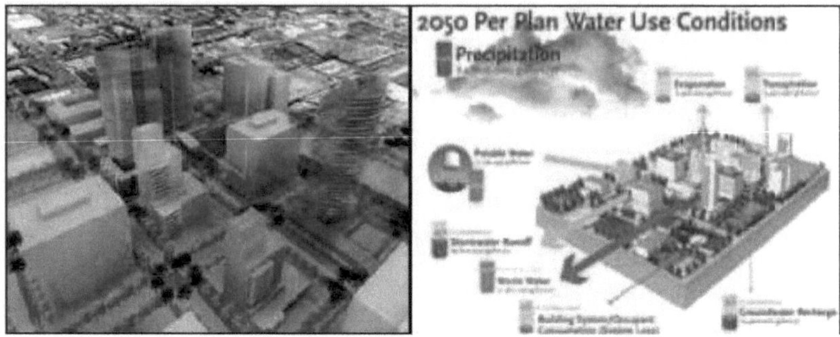

Figura 11: Projeto Lloyd Crossing, Portland, Estados Unidos

Figura 12: Edifício para ovelhas e cães em Tirau, Nova Zelândia

Situada na região de Waikato, na Nova Zelândia, Tirau é uma pequena cidade a cerca de 30 milhas a sul de Hamilton. Originalmente, a economia da cidade baseava-se na agricultura, mas esta foi declinando com o tempo. Como resultado, Henry Clothier, um empresário local, abriu uma loja de antiguidades numa antiga mercearia. Outros habitantes locais seguiram o exemplo e Tirau tornou-se um destino turístico. Foram criadas "obras de arte" a partir de chapas de ferro ondulado velhas e deitadas fora, incluindo a Casa do Cão e a Casa das Ovelhas, construídas a partir de chapas de ferro ondulado velhas e deitadas fora (Figura 12). A casa do cão é o centro de informação da cidade e a casa das ovelhas é utilizada para armazenar lã e artesanato.

Quando olhamos para a relação entre a natureza e o homem, verificamos que existem muitos estudos sobre os efeitos negativos das actividades humanas na natureza, como a desflorestação para a produção de papel e muitas outras coisas. Mas muito menos se sabe sobre o impacto positivo ou a relação entre a natureza e o homem, especificamente a ciência conhecida como biónica. Da mesma forma, os efeitos positivos do homem sobre a natureza ainda não foram estudados (Figura 13).

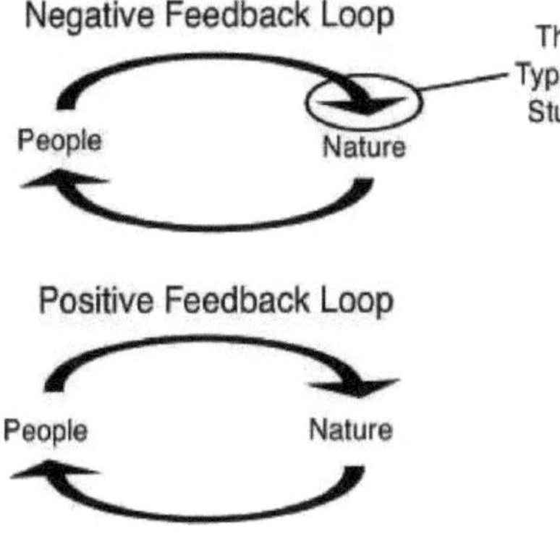

Figura 13: Estudo da relação entre os sistemas humanos e naturais.

O homem imita animais em edifícios e paisagens, pássaros e animais em fotografias e pinturas em histórias fictícias e não fictícias, e vários motivos florais em pinturas e objectos decorativos; este é certamente o efeito positivo da natureza sobre o homem [32].

A biónica ou os seres vivos mais simples que nos rodeiam dão-nos a inspiração para fazer coisas maravilhosas, desde a cola ao batom cintilante. A forma como os animais podem contribuir para o desenvolvimento de novas tecnologias continua a ser um mistério. Há quarenta e cinco milhões de anos, uma infeliz mosca ficou presa numa árvore. Mais tarde, esta mosca ajudou os cientistas a desenvolver um material emissor de luz utilizado para aumentar a eficiência energética das células solares. Os cientistas estudaram o olho da mosca e desenvolveram este material luminoso.

Os cientistas desenvolveram uma cola chamada Geckel utilizando os melhores desenhos de dois seres vivos. Inspiraram-se na força acrobática das osgas e no poder de sucção das conchas para desenvolver uma nova supercola subaquática: a osga. As osgas são muito boas a trepar a edifícios e tectos graças às suas patas peludas, que inspiraram as supercolas. Este problema poderia ser resolvido se os cientistas estudassem as conchas que se agarram às rochas, o que inspirou o desenvolvimento da cola Geckel. A forma como os mexilhões e as osgas se agarram uns aos outros foi analisada pelos cientistas e levou ao desenvolvimento da cola. As osgas têm patas peludas, com cada pelo dividido em ambas as extremidades, e as forças intermoleculares entre estes pêlos deram origem às forças de Vander-Waals, que permitem às osgas trabalhar contra a gravidade e balançarem-se no teto. Os mexilhões, por outro lado, utilizam produtos químicos para se agarrarem, segregando uma proteína pegajosa das suas patas. Assim, foi desenvolvido um novo adesivo resistente à água que combina as melhores caraterísticas de ambos os seres vivos. O adesivo resistente à água, revestido com mini-colunas de silicone, imita

A pata da osga e a fina camada de polímero imitam as proteínas de mexilhão, uma substância química pegajosa segregada pelos mexilhões [33].

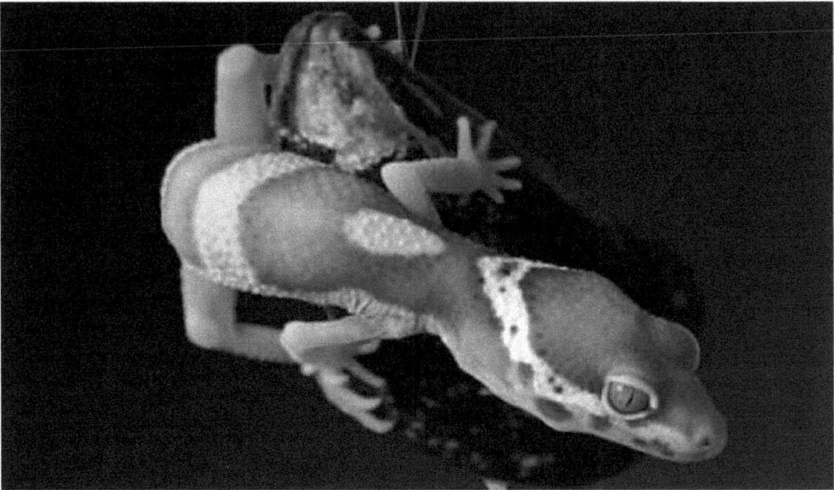

Figura 14: Lagartixas

1.10 Epilepsia

1.10.1 Introdução à epilepsia

A palavra epilepsia vem do grego e significa "um estado de ser dominado, tomado ou atacado". É por isso que a tendência para ter ataques recorrentes é chamada epilepsia (Figura 15). É a mais antiga perturbação cerebral conhecida, não é uma doença, mas uma perturbação neurológica. O cérebro é um órgão complexo e sensível que controla as acções, os movimentos, as emoções, os pensamentos e as sensações. É o principal componente da memória e regula o funcionamento interno de várias partes do corpo, como o coração e os pulmões. O funcionamento básico das células cerebrais é controlado por sinais eléctricos. Em caso de epilepsia ou de outra doença neurológica, ocorre uma descarga eléctrica anormal no grupo de células, o que leva a uma crise convulsiva. Existem muitas causas de convulsões, incluindo lesões cerebrais, envenenamento, traumatismo craniano e acidente vascular cerebral, e não estão limitadas a um grupo etário, género ou etnia específicos. Embora estas convulsões possam ocorrer em qualquer idade, são geralmente mais comuns em pessoas com menos de 10 anos.

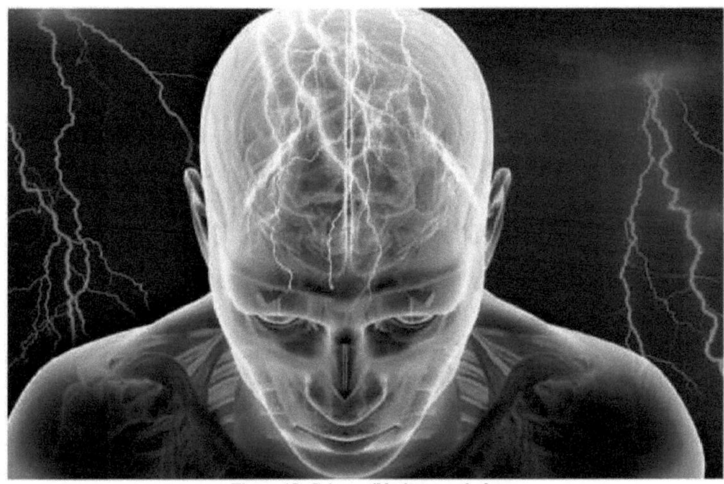

Figura 15: Crises epilépticas no cérebro

Na epilepsia, o sistema elétrico do cérebro é perturbado e os impulsos eléctricos provocam pequenas alterações nos movimentos, no comportamento, nos sentimentos ou na consciência.

1.10.1 Sintomas da epilepsia

Os sintomas da epilepsia incluem convulsões - movimentos súbitos e descontrolados. Outros sintomas incluem quedas, agarrar ou enrolar a roupa e olhar fixamente para ela. Os sintomas observados pelos médicos podem ser classificados em diferentes tipos de convulsões, dependendo da forma como o cérebro é afetado.

1.10.2 Tipos de **entradas**

As convulsões dividem-se em vários tipos principais: a) Convulsões de ausência :

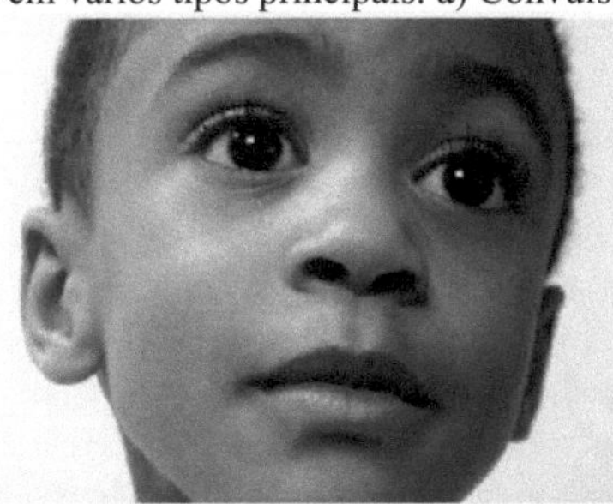

Figura 16: Crises ausentes na epilepsia

As crises de ausência (Figura 16) são essencialmente crises rígidas.

são mais frequentes nas crianças. Neste caso, a atividade do corpo pára e o doente fica a olhar durante alguns segundos com um olhar vazio. Este tipo de convulsão ocorre principalmente em crianças com idades compreendidas entre os 4 e os 12 anos. As crianças podem ter até 100 convulsões por dia. O controlo das convulsões é uma doença neurológica crónica comum que afecta 0,5 a 1% da população mundial [35]. Mais de um terço dos doentes não responde aos medicamentos anti-epilépticos (DAE) [36] (Figura 17). A cirurgia, o principal tratamento para os doentes resistentes aos fármacos, não é adequada para alguns doentes, por exemplo, os que apresentam focos múltiplos ou crises generalizadas sem uma origem local clara. Além disso, pode estar associada a certas complicações pós-operatórias, como défices de memória, linguagem, funções sensoriais ou motoras [37]. Foram desenvolvidos métodos alternativos, como a neuroestimulação, para o tratamento destes doentes. A estimulação cerebral profunda (DBS), um tipo de neuroestimulação, envolve a aplicação de uma corrente eléctrica ao tecido nervoso para obter efeitos terapêuticos. Em comparação com as intervenções cirúrgicas, a DBS é menos invasiva, reversível e oferece a possibilidade de adaptar o tratamento a cada doente. Após o seu sucesso no tratamento de distúrbios motores [38], a ECP é cada vez mais vista como uma opção de tratamento viável para pacientes com epilepsia refractária.

Enquanto a estimulação é administrada da forma tradicional, de acordo com um protocolo predefinido (estimulação planeada), a estimulação integrada num sistema de BCI é administrada de acordo com o estado neurofisiológico do cérebro (estimulação reactiva). Esta estimulação reactiva, como aplicação inicial da BCI, tem o potencial de oferecer vantagens como a orientação da dinâmica das crises com maior especificidade temporal, a minimização dos efeitos secundários, a redução dos danos nos tecidos nervosos e, claro, uma maior duração da bateria. A secção seguinte apresenta uma panorâmica da investigação sobre a estimulação reactiva de BCI em animais e seres humanos.

1.11 Doença de Parkinson

A doença de Parkinson é uma doença progressiva do sistema nervoso central que afecta mais de três milhões de pessoas nos Estados Unidos. Embora a causa da doença de Parkinson ainda não seja totalmente compreendida, há relatos de sintomas associados à doença de Parkinson, como tremor de repouso, rigidez, movimentos bradicinéticos e instabilidade postural. A estimulação cerebral profunda (ECP) é um dos procedimentos neurocirúrgicos mais eficazes para o tratamento destes sintomas. Este capítulo apresenta os antecedentes biológicos e o método DBS.

1.11.1 Contexto biológico

É constituído essencialmente pelo córtex motor cerebral, a partir do qual são transmitidos sinais aos gânglios basais, que são constituídos por vários grupos de núcleos responsáveis pelo processamento da informação neuronal. Todas as decisões executivas sobre o movimento são tomadas pelo córtex cerebral motor, que é essencialmente considerado como a parte consciente do cérebro. Quando a parte sensório-motora do córtex cerebral toma a decisão de mover um músculo, são enviados sinais para a parte profunda do cérebro. O tálamo, os gânglios basais e o cerebelo são as principais partes que recebem estes sinais. No tálamo, os sinais são depois transmitidos aos músculos através da medula espinal e o processamento posterior tem lugar nos gânglios basais. Abaixo está uma representação esquemática das conexões neuronais envolvidas na execução de um comando de movimento muscular.

Uma das funções fundamentais dos gânglios basais é avaliar se um impulso de movimento é adequado ou não. Para tal, dispõe de dois circuitos internos: um circuito direto, que tem um efeito excitatório sobre o tálamo, e um circuito indireto, que tem um efeito inibitório sobre o tálamo. Estes dois circuitos funcionam simultaneamente para que o cérebro possa comandar corretamente os movimentos desejados. A rede dos gânglios basais é mostrada na ilustração, onde STN representa o núcleo subtalâmico, GPi a parte interna do globo pálido e GPe a parte externa do globo pálido. As conexões excitatórias são mostradas em verde e as conexões inibitórias em vermelho.

A alça excitatória é também chamada de alça direta, porque vai diretamente do striatum para o GPi e depois para o tálamo. Esta alça contém duas conexões inibitórias, de modo que o resultado é a excitação do tálamo. A alça inibitória também é chamada de alça indireta, porque contém duas conexões adicionais.

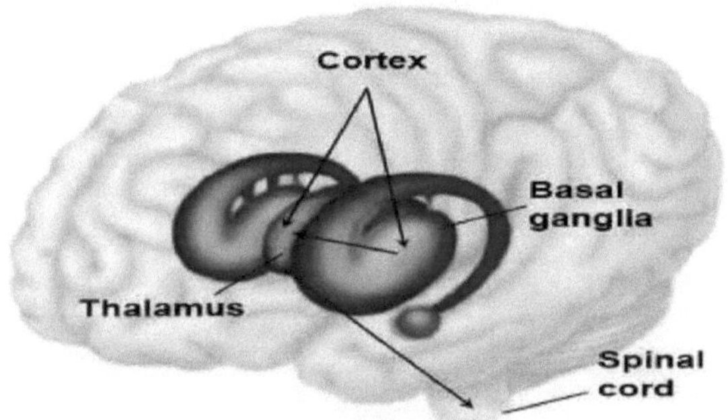

Figura 17: Um diagrama simplificado das ligações neuronais

Neste ciclo, os sinais vão do striatum para o GPe, depois para o STN, depois para o GPi, antes de terminarem no tálamo. Devido às três conexões inibitórias nesta alça, o tálamo é inibido.

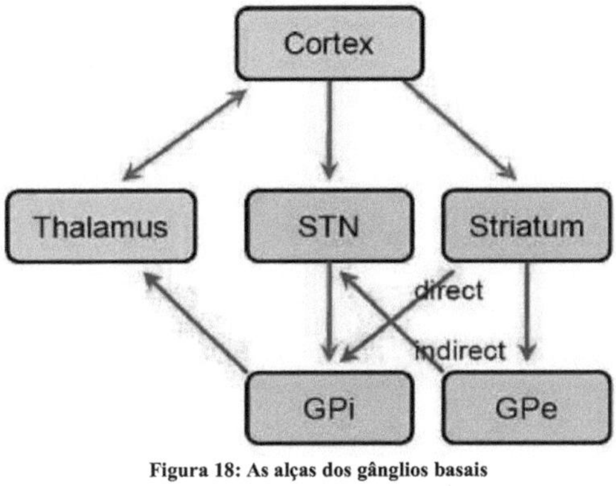

Cortex
Thalamus
STN
Striatum
direct
indirect
GPi
GPe

Figura 18: As alças dos gânglios basais

Uma vez que cada um destes circuitos é necessário para o seu bom funcionamento, as patologias surgem quando um dos dois circuitos se sobrepõe ao outro. Se a via direta se sobrepõe à via indireta, há um excesso de excitação que conduz a um estado hipercinético, como na doença de Huntington. Por outro lado, se a via indireta se sobrepuser à via direta, há um excesso de inibição do tálamo, levando a um estado hipocinético, como na doença de

Parkinson. Os sintomas da doença de Parkinson manifestam-se por uma incapacidade de efetuar os movimentos desejados acima descritos. A doença de Parkinson está ligada a uma redução da função de um outro núcleo dos gânglios basais, a substância negra (SN). Quando a função da SN é limitada, há um aumento da transmissão de sinais entre o striatum e o GPe e uma diminuição da transmissão de sinais entre o striatum e o GPi. Isto leva à inibição excessiva do tálamo descrita acima na Figura 18.

Atualmente, existem vários métodos de tratamento disponíveis para aliviar os sintomas da doença de Parkinson, incluindo medicamentos e operações neurológicas. Um deles consiste em administrar levodopa, um medicamento que é o precursor da dopamina, um neurotransmissor segregado pelo SN. Este tratamento tem o efeito secundário de expor o organismo a grandes quantidades de dopamina, o que pode levar a outros problemas neurológicos, como náuseas. Outro tratamento é a ablação de GPe, que interrompe o circuito indireto através da remoção de um dos seus componentes. A ablação de um grupo de células cerebrais é, evidentemente, um procedimento altamente invasivo e pode levar a numerosos problemas se outras células forem destruídas. Um método de tratamento atualmente não utilizado mas promissor é o transplante, ou seja, a implantação de novas células ou a utilização de células estaminais para criar um novo SN para o doente. Este método seria utilizado para restaurar os níveis normais de dopamina na região dos gânglios basais, mas não em todo o corpo, como no caso do tratamento com levodopa. O outro método de tratamento da doença de Parkinson é a DBS, que consiste em estimular várias partes dos gânglios basais, incluindo o STN, com estimulação eléctrica de alta frequência. A DBS é um procedimento neurocirúrgico altamente eficaz para os doentes cuja doença não pode ser controlada com medicação. Um fio fino e isolado ou um elétrodo micromaquinado é implantado cirurgicamente na área cerebral profunda, como o STN ou o GPi, como mostra a Figura 19. O mecanismo da DBS ainda não é conhecido, mas parece que a natureza de alta frequência do sinal reduz a eficácia da auto-consciência no tálamo.

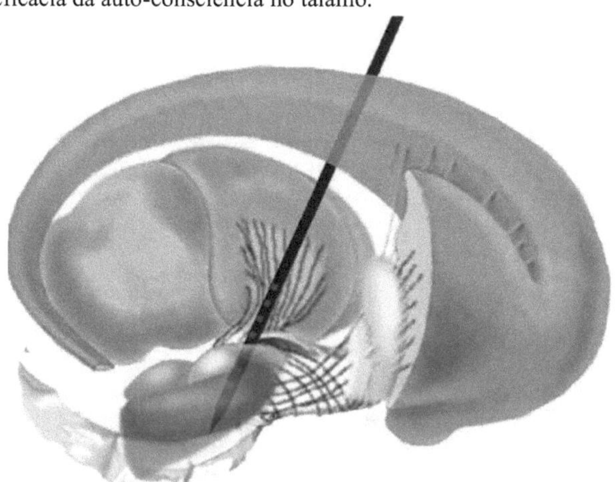

Figura 19: Posicionamento da sonda DBS no STN.

Capítulo 2

2.1 Revisão da literatura

No capítulo seguinte, são discutidas várias contribuições de diferentes cientistas no domínio da epilepsia e da doença de Parkinson em relação à biónica, e são examinadas as lacunas na investigação ou as conclusões da literatura.

Luigi Galvani descobriu a "eletricidade animal" (figura 20): Enquanto dissecava uma rã numa mesa perto de uma roda que tinha utilizado numa experiência de física, gerou-se subitamente eletricidade estática. Quando aplicou o bisturi ao nervo ciático que alimentava os músculos das pernas da rã, a faísca, sinónimo de eletricidade, saiu da roda e as pernas da rã contorceram-se. Deduziu-se que a fonte de eletricidade estava nos nervos e nos músculos dos animais [56].

Figura 20: Luigi Galvani

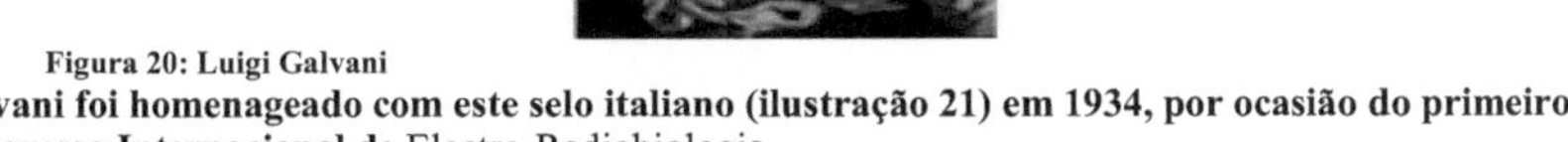

Galvani foi homenageado com este selo italiano (ilustração 21) em 1934, por ocasião do primeiro Congresso Internacional de Electro-Radiobiologia.

Figura 21: Luigi Galvani homenageado com um selo italiano

Alessandro Volta inventou o pólo galvânico. Volta estava interessado na "eletricidade animal" descoberta por Galvani. Volta pegou nas observações experimentais de Galvani e modificou-as. Substituiu as pernas da rã por um eletrólito mais convencional para criar a primeira célula galvânica do mundo e, mais tarde, a pilha. Após as suas experiências, Volta contou que o seu colega italiano Luigi_Galvani afirmou que o tecido animal (neste caso, pernas de rãs mortas) produzia "eletricidade animal" (Figura 22). Volta duvidou que o tecido animal fosse uma fonte de eletricidade e provou, através de experiências detalhadas e extensas, que o tecido animal era o condutor e não a fonte de eletricidade nas experiências de Galvani [57] (Figura 23).

Ilustração 22 : Alessandro Volta

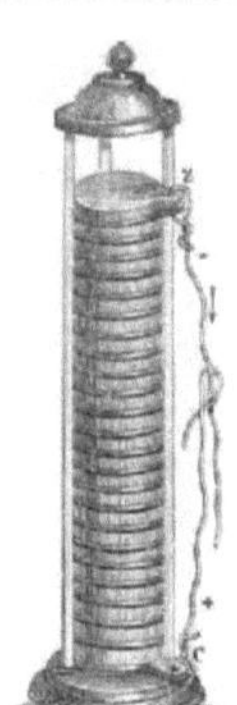

Figure 23 Pólo voltaico, descoberto por Alessandro Volta

Guillaume-Benjamin-Amand Duchenne (de Boulogne) foi um neurologista francês que começou a fazer experiências *com a eletropunctura* (uma técnica de administração de choques eléctricos sob a pele usando eléctrodos para estimular os músculos) (Figura 24). Isto levou-o a desenvolver uma técnica não invasiva de estimulação muscular, em que o choque elétrico era administrado à superfície da pele, a que chamou *"eletrização localizada"*, e a inventar um instrumento (hoje conhecido como trocarte de Duchenne) para retirar pequenos pedaços de tecido no interior do corpo, fundando assim a prática diagnóstica da biopsia [58].

Figure 24 Benjamin Amand Duchenne

Graeme Milborne Clark desenvolveu um implante auditivo biónico com múltiplos eléctrodos (Figura 25). Inspirado pelo sofrimento do seu pai, que estava a ouvir cada vez menos bem, descobriu este aparelho auditivo. Continha um processador auditivo com eléctrodos para estimular o nervo auditivo, que recebia e processava os sons e gerava sinais de estimulação eléctrica para estimular o nervo auditivo [59].

Figure 25 Graeme Milbourne

Alan MacDiarmid descobriu os polímeros orgânicos condutores (OCP) ou materiais plásticos que conduzem eletricidade e que são essencialmente designados por eletrónica orgânica (Figura 26). Os polímeros tinham

Figure 26 Alan MacDiarmid

moléculas de carbono como as dos seres vivos. Os polímeros condutores são essencialmente o poliacetileno (CH)x, que é mais leve, mais barato e mais flexível do que os polímeros inorgânicos obtidos por polimerização do gás acetileno [60].

Nigel H. Lovell et. al. introduziram o conceito de uma prótese visual para cegos ou amblíopes, embora não seja novo. A ênfase estava em restaurar a visão dos cegos através da excitação eléctrica da via visual com grandes pontos de luz isolados chamados fosfenos. O método mais adequado para restaurar a visão foi a excitação simultânea de vários fosfenos por próteses visuais microelectrónicas [61].

Melanie S M, van Breemen et.al. indicaram claramente que as pessoas com tumores cerebrais são as mais susceptíveis de serem afectadas pela epilepsia, quer o tumor esteja ou não controlado. O tipo de tumor, a sua localização, as alterações peritumorais e genéticas são apenas alguns dos factores que influenciam as crises epilépticas nos doentes. Apenas algumas proteínas do cérebro impedem o acesso dos fármacos antiepilépticos ao parênquima cerebral. A lamotrigina, o ácido valpróico e o piramato são os fármacos de primeira escolha, sendo preferível iniciar o tratamento com o ácido valpróico, mas o risco de efeitos secundários cognitivos está sempre presente com os fármacos antiepilépticos [62].

Michael R. Trimble realizou uma investigação sobre as diferentes deficiências cognitivas que afectam a saúde mental, que dependem em grande medida do tipo de convulsão. As crises parciais, principalmente no lobo temporal, afectam o raciocínio e as tarefas mentais, enquanto as crises generalizadas afectam a capacidade de atenção. Outros problemas cognitivos surgem com os anticonvulsivantes [63].

Ronald Levin et al. estudaram as dimensões físicas e sociais da epilepsia utilizando o quadro desenvolvido por Dodrill. Os factores tidos em conta foram os antecedentes familiares, o ajustamento emocional, o ajustamento interpessoal, o ajustamento profissional e a situação financeira, o ajustamento às crises e o ajustamento médico. As atitudes negativas dos membros da família podem ter um impacto negativo nos epilépticos. Os epilépticos tendem a ter mais dificuldades sexuais e uma taxa de casamento mais baixa do que os não epilépticos [64].

A investigação **de Felice T. Sun e Martha J. Morrell** mostram que a neuroestimulação é atualmente a técnica mais competitiva para o tratamento da epilepsia, da doença de Parkinson e de perturbações do sistema nervoso. Está também a ser estudada como uma opção adequada para a depressão e as perturbações da memória [65].

R.G.E. Clement et. al. introduziram o conceito de mão protética biónica, uma tecnologia que está a emergir muito rapidamente hoje em dia. Anteriormente, a mão era transplantada (uma mão semelhante era associada a amputados), mas obter uma mão semelhante era uma tarefa difícil, pelo que o conceito de uma mão artificial, a mão protética biónica, foi desenvolvido por cientistas [66] (Figura 27).

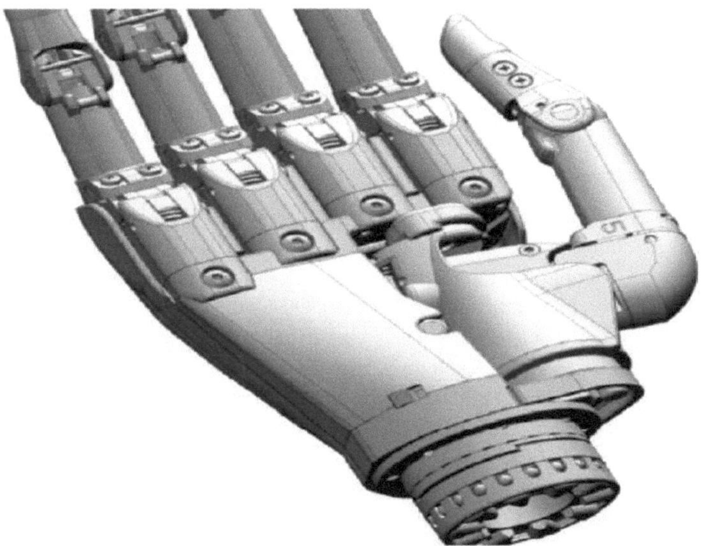

Figura 27: Ilustração de uma prótese de mão moderna, mostrando o desenho modular e o aspeto estético das próteses atualmente disponíveis.

A. Handforth et. al. introduziram a estimulação do nervo vago e compararam a estimulação alta do nervo vago com a estimulação baixa do nervo vago. A baixa estimulação do nervo vago (uma das técnicas utilizadas para tratar a epilepsia) já foi testada em modelos animais. A estimulação alta do nervo vago foi testada em seis pacientes, depois de lhes terem sido administrados medicamentos anti-epilépticos durante três meses, mas sem sucesso. Assim, passados três meses, foram enrolados cabos de estimulação à volta do nervo vago esquerdo e ligados por via infraclavicular a um gerador subcutâneo programável do tipo estimulador. Foi observada uma redução de 28% nas crises nos pacientes que receberam estimulação alta do nervo vago, enquanto a estimulação baixa do nervo vago mostrou uma redução de 15% [67].

A. Breneyi explicou neste estudo que as actividades cerebrais invulgares, como a epilepsia e a doença de Parkinson, podem ser restauradas por estimulação eléctrica. Graças à estimulação eléctrica transcraniana (EET), podemos reduzir os picos de epilepsia generalizada associados a uma convulsão. A TES em circuito fechado é uma ferramenta eficaz para reduzir a dor patológica em doentes resistentes aos medicamentos [68].

Bruce J. Gluckman et. al. tiveram a ideia inovadora de controlar adaptativamente as crises epilépticas em fatias de cérebro do hipocampo utilizando campos eléctricos. A atividade nervosa é registada continuamente utilizando técnicas de registo extracelular diferencial e um algoritmo controlado por computador é utilizado para atualizar continuamente o campo elétrico aplicado. No modo de feedback negativo, esta tecnologia tem o seu lugar como uma nova tecnologia de controlo das crises [69].

A investigação **de J. Volkmann** mostra que a estimulação cerebral profunda pode ser aceite como tratamento para a doença de Parkinson. O núcleo subtalâmico (STN) e o segmento interno do globo pálido são utilizados de forma direcionada para o tratamento da doença de Parkinson avançada. A estimulação cerebral profunda do núcleo subtalâmico e a GPi-DBS são dois tratamentos disponíveis, dos quais a STN-DBS é considerada melhor do que a GPi-DBS, uma vez que o efeito anti-cinético parece ser mais pronunciado, mostra uma clara redução da doença e requer menos energia de estimulação [70].

Jonathan R. Wolpaw et. al. lançaram o novo conceito de Brain Computer Interface System (BCI), que é, de facto, um novo canal não muscular para a transmissão de mensagens e comandos para o mundo exterior por pessoas com deficiência, pessoas que sofrem de doenças neuromusculares como a paralisia, a esclerose lateral, etc. O BCI é, portanto, uma tecnologia de comunicação eficaz que permite aos pacientes comunicar com os seus prestadores de cuidados utilizando vários sinais electrofisiológicos registados por potenciais corticais lentos, potenciais P300, ritmos mu e beta registados pelo couro cabeludo e atividade neuronal registada por eléctrodos implantados através do couro cabeludo [71].

M. E. Colpan e D. J. Mogul estudaram a estimulação eléctrica cerebral controlada por feedback no córtex motor primário de ratos para o tratamento de crises epilépticas. Utilizando a penicilina como fármaco, foram desencadeadas convulsões no córtex motor primário de ratos. O EEG foi utilizado para monitorizar as crises na região intracraniana e extracraniana. A amplitude do sinal elétrico aplicado foi modificada na região intracraniana antes e durante a simulação, com resultados promissores [72].

No estudo de **Beth A. Lopour e Andrew J. Sezri**, é desenvolvido um modelo de controlo de feedback para a supressão de convulsões, utilizando um modelo de equação diferencial parcial estocástica (SPDE) do córtex humano. É preferível utilizar um passo espacial que deve ser pequeno em relação ao tamanho do elétrodo, de modo a que o sinal aplicado não só suprima as oscilações tipo convulsão, mas também assegure que o córtex humano não seja danificado [73].

Tatiana Kameneva et. al. descobriram que a eficácia da estimulação neuronal pode ser melhorada se a intensidade da estimulação for modificada dinamicamente pelo feedback dos neurónios sobre os quais a excitação actua. Para desenvolver o modelo de dinâmica neuronal, foram efectuadas experiências na retina de coelhos brancos. A resposta neuronal das células ganglionares à estimulação eléctrica foi incluída, e a diferença de tempo entre o pico simulado e o pico seguinte foi observada e o modelo previsto [74].

Nicholas V. Apollo et. al. indicam que existe uma necessidade urgente de materiais condutores para interfaces neuronais que sejam mecanicamente flexíveis e apresentem uma elevada resistência e durabilidade em condições fisiológicas. Atualmente, utilizamos silício cristalino e metais preciosos como sistemas de eléctrodos implantáveis para simular e registar a atividade neural. Embora estes metais sejam fortes e quimicamente estáveis, a sua rigidez e densidade inerentes conduzem à formação de cicatrizes na glia e, em última análise, à perda de função do elétrodo. Materiais como os polímeros e os hidrogéis têm excelentes propriedades electroquímicas e mecânicas. As microfibras sólidas e condutoras (40-50 micrómetros de diâmetro) são fiadas por via húmida a partir de dispersões de cristais líquidos de óxido de grafeno. As fibras são isoladas com parileno-C e tratadas com laser [75].

No seu trabalho de investigação, **Sarah N. Abdulkader et. al.** destacaram as interfaces cérebro-computador e as suas aplicações e desafios. A interface cérebro-computador é, de facto, uma interface entre o cérebro e um dispositivo que permite que os sinais do cérebro controlem uma atividade externa, como o controlo de um cursor ou de um membro protésico. A maior contribuição foi dada no domínio médico, desde a prevenção de lesões nervosas até à sua reabilitação. Para além dos desafios técnicos associados à utilização de sistemas de interface cérebro-computador [76].

B. Fan está a centrar a sua contribuição para a investigação numa nova e excitante tecnologia que se centra no controlo dos nervos em determinadas regiões do cérebro. Com o desenvolvimento de implantes neurais optogenéticos sensíveis à luz, que incluem lasers, díodos laser e díodos emissores de luz, foi discutida uma relação generativa entre os neurónios e o comportamento baseado na sua atividade. As especificações dos implantes neurais e os processos de microfabricação associados foram revistos [77].

No seu trabalho de investigação, **B. Faria** salienta a forma como os robots se destacam no desempenho da neurocirurgia estereostática. A sua aplicação no fornecimento de ajudas foi discutida. Cada sistema robótico foi discutido, destacando as suas caraterísticas positivas e desvantagens. Foi dada ênfase à inovação tecnológica no desenvolvimento de soluções miniaturizadas, de baixo custo e com interfaces melhoradas [78].

O trabalho de investigação de **L. Kuhlmann** permitiu esclarecer o facto de terem sido desenvolvidas várias possibilidades de previsão de convulsões. Mas é necessária mais investigação para a aplicação clínica em doentes. A questão discutida no trabalho de investigação é se os métodos de epilepsia assistidos por computador podem ser utilizados para melhorar os actuais métodos de previsão da epilepsia [79].

Embora as tecnologias mais recentes estejam a desenvolver-se rapidamente, existe ainda uma lacuna na investigação que pretendo preencher na minha tese, utilizando neuroestimuladores sem fios para o cérebro para prevenir a epilepsia e a doença de Parkinson. Os neuroestimuladores injectáveis sem fios estão atualmente a ser investigados para minimizar os efeitos secundários, como o desconforto, o risco de infeção e o trauma pós-operatório, que podem ocorrer com os neuroestimuladores implantáveis tradicionais e volumosos. O seu tamanho reduzido, o software e a fonte de alimentação sem fios e de atualização instantânea fazem deles uma alternativa inteligente: o neuroestimulador injetável deverá ser menos invasivo e ter uma vida útil mais longa. O hardware da interface neural condutora já foi desenvolvido para melhorar a tecnologia, embora a estimulação cerebral profunda já tenha sido desenvolvida para a doença de Parkinson, mas esta versão avançada sem fios é melhor.

Capítulo 3

III Materiais e métodos

O capítulo seguinte apresenta diferentes métodos, como a estimulação do nervo vago, a interface cérebro-computador e a estimulação cerebral profunda, etc., que são atualmente utilizados para tratar a epilepsia e a doença de Parkinson quando a medicação oral não é eficaz nos doentes. A tecnologia existente era um neuroestimulador (DBS), como um pacemaker, que apresenta riscos de infeção e coloca muitos problemas quando é necessário alterar o software que controla a estimulação administrada para controlar as crises epilépticas e a doença de Parkinson.

3.1 Medicamentos para a epilepsia para o tratamento das convulsões

Em 70% dos doentes, a epilepsia pode ser controlada com medicação oral.
O primeiro passo é diagnosticar o tipo exato de epilepsia (não o tipo de crise, pois o mesmo tipo de crise ocorre em diferentes tipos de epilepsia).
Em segundo lugar, o tipo de medicamento prescrito pode variar de doente para doente, consoante o doente sofra ou não de outra doença, uma vez que o medicamento prescrito não deve provocar efeitos secundários no doente e deve ser tolerado por este, tendo em conta a outra doença de que sofre.
Em terceiro lugar, a forma como estes medicamentos são administrados ao doente é aceitável ou não.

3.2 Medicamentos para o tratamento da epilepsia

Lista de medicamentos de marca comuns para o tratamento da epilepsia.

1) ***Carbamazepina (Tegretol ou Carbatrol)***: primeira escolha para as crises parciais, generalizadas, tónico-clónicas e mistas; os efeitos secundários frequentes incluem fadiga, perturbações visuais, náuseas, tonturas e erupções cutâneas.
2) ***Diazepam (Valium), lorazepam (Ativan) e sedativos semelhantes, como o clonazepam (Klonopin)***: Utilizados principalmente para o tratamento a curto prazo de convulsões em serviços de urgência, os efeitos secundários incluem fadiga, marcha hesitante, náuseas, depressão e perda de apetite.

3) ***acetato de eslicarbazepina (Aptiom):*** Os efeitos secundários mais comuns incluem tonturas, náuseas, dores de cabeça, vómitos, fadiga, visão turva e tremores.
4) ***Ethosuximide (Zarontin):*** efeitos secundários como náuseas, vómitos, perda de peso e diminuição do apetite.
5) ***Felbamato (Felbatol):*** Utilizado para tratar convulsões parciais e algumas formas de síndroma de Lennox-Gastaut; raramente utilizado e apenas quando outros medicamentos não foram eficazes. Os efeitos secundários incluem diminuição do apetite, perda de peso, perturbações do sono, dores de cabeça e depressão; os medicamentos podem causar insuficiência da medula óssea ou do fígado [80].

3.3 Estimulação do nervo vago

A terapia de estimulação do nervo vago é uma forma de tratamento destinada a parar as crises epilépticas ou a reduzir a sua intensidade. Esta forma de terapia envolve o envio de impulsos eléctricos a partir de um pequeno gerador implantado no peito.

3.3.1 Como funciona a terapia VNS

Na terapia VNS, o gerador implantado no peito é utilizado para enviar impulsos para o nervo vago em intervalos regulares ao longo do dia, todos os dias. Os impulsos são enviados primeiro para o nervo vago no pescoço e depois transmitidos para o cérebro. Assim, a estimulação do nervo vago faz com que o nervo envie o sinal elétrico para o cérebro, para parar a atividade eléctrica excessiva no cérebro que causa as convulsões. Também pode ser utilizado um íman portátil através do gerador para aumentar o número de impulsos enviados para o cérebro através do nervo vago. Esta operação é normalmente efectuada pelo prestador de cuidados ou pelo enfermeiro quando a crise começa.

O gerador é geralmente programado no momento da instalação, mas pode ser reprogramado por um médico ou enfermeiro especializado em epilepsia [81]. Existem, portanto, três dispositivos utilizados no tratamento da VNS:

1. Um pequeno gerador programável
2. Um cabo com duas bobinas na extremidade.
3. Um íman de mão.

3.3.2 Aplicação da terapia de estimulação do nervo vago (VNS)

Existem dois grupos de doentes nos quais a estimulação do nervo vago (VNS) deve ser efectuada de acordo com o seguinte conjunto de condições. Grupo 1

inclui os doentes que sofrem de crises focais (parciais). O grupo 2 abrange as pessoas que sofrem de convulsões generalizadas.

Grupo 1

1. O doente pode sofrer convulsões mesmo depois de ter sido administrada a dose correta do medicamento.
2. Mesmo após a cirurgia ao cérebro, o doente continua a sofrer de convulsões.
3. O doente tem pelo menos duas crises parciais por mês, que podem também levar à perda de consciência.
4. O doente já experimentou o tratamento de primeira linha para a epilepsia, ou seja, os medicamentos prescritos durante os dois primeiros anos após o início do tratamento.

O Grupo 2 segue os mesmos passos para as crises epilépticas generalizadas [82].

3.3.3 Operações de estimulação do nervo vago (VNS)

A operação de estimulação do nervo vago (VNS) é efectuada por um neurocirurgião e tem a duração de uma hora, saindo o doente do hospital no próprio dia ou no dia seguinte. Durante a operação, o neurocirurgião efectua duas pequenas incisões, uma no lado esquerdo do pescoço e a outra no lado esquerdo do peito, abaixo da clavícula.

Um fio fino e flexível liga o gerador na parte de trás do pescoço ao nervo vago no pescoço e, com o tempo, as cicatrizes deixadas pelas incisões na parte de trás do pescoço e no peito desaparecem [83].

3.4 Interface cérebro-computador

3.4.1 Os componentes de uma BCI

Como qualquer outro sistema BCI, o sistema BCI em questão é composto por uma entrada para a aquisição de sinais, um algoritmo para detetar ou prever convulsões e uma saída para aplicar avisos ou terapias aos utilizadores.
Representação esquemática de um estimulador de RNA implantado, eletrodo de profundidade e eletrodo de banda cortical (NeuroPace, Mountain View, CA). O neuroestimulador RNS (Inset) tem até dois eléctrodos. O sistema utiliza um cabo profundo ou um cabo de banda cortical (subdural). Cada um tem quatro contactos de eléctrodos que podem ser utilizados para detetar e administrar a estimulação. Para a deteção precoce de convulsões e a administração de estimulação eléctrica focal, os eléctrodos são colocados perto do foco da convulsão.

3 Este livro aborda o desenvolvimento de novas tecnologias para o tratamento da doença de Parkinson e da epilepsia utilizando a ciência da biomimética ou biónica, em que o design se baseia nos sistemas ecológicos que nos rodeiam, como as flores e os animais, e que é uma área de investigação promissora e em rápida expansão nos domínios da arquitetura e da engenharia. Isto porque incentiva não só a inovação, mas também a criação de um ambiente construído mais sustentável e regenerativo. Após uma introdução à biónica no Capítulo 1, o Capítulo 2 apresenta as biografias de vários cientistas que realizaram invenções utilizando a biónica, e o Capítulo 3 os métodos já disponíveis para o tratamento da doença de Parkinson e da epilepsia, como a estimulação do nervo vago e a interface cérebro-computador. O Capítulo 4 é dedicado à exploração da estimulação cerebral profunda sem fios em circuito fechado (CDBS) para o tratamento da doença de Parkinson e da epilepsia. De acordo com a arquitetura proposta, o sistema protótipo consome menos área de superfície e energia do que outros sistemas, graças à utilização de um ADC logarítmico de elevada gama dinâmica. Em vez de um filtro analógico, é utilizado um filtro digital no chip, que separa a energia de pico de baixa frequência de entrada (especificamente ruído) do potencial sinal de baixa frequência. Um controlador é integrado num chip e gera padrões de estímulo para controlar os 64 conversores digital-analógicos (DAC) controlados por corrente no chip. Finalmente, o Capítulo 5 examina os resultados das experiências com o dispositivo proposto e o Capítulo 6 conclui que, embora existam no mercado neuroestimuladores com fios, estes apresentam muitos riscos, tais como infecções, rupturas de cabos, etc., razão pela qual desenvolvi uma solução sem fios para os neuroestimuladores para combater estas condições.

3.4.2 Aquisição de sinais

O objetivo da entrada para o sistema BCI aqui discutido é recolher sinais relevantes para a deteção de convulsões e para a subsequente emissão de avisos e terapias. A entrada é normalmente um EEG registado através do couro cabeludo ou no interior do cérebro. A entrada selecionada é registada por eléctrodos, depois amplificada e digitalizada no sistema BCI. Recentemente, os sinais extracerebrais, como os sinais cardíacos (frequência cardíaca) ou motores (velocidade, direção e movimento das articulações), demonstraram ser uma direção promissora para a deteção de convulsões (Osorio e Schachter, 2011). Estes sinais podem ser classificados como não invasivos (EEG do couro cabeludo, EEG extracerebral) ou invasivos (EEG intracraniano) [91]. Os eléctrodos do couro cabeludo são a fonte mais frequente de sinais na prática clínica. Na maioria dos casos, os eléctrodos intracranianos permitem uma melhor deteção precoce do que os eléctrodos do couro cabeludo, particularmente no caso de crises parciais.

Um fator importante que pode influenciar o BCI na deteção de sinais é a localização da zona em que começa uma crise. A zona ictal é a área em que ocorrem as crises epilépticas. A zona ictal pode ser regional ou extensa e varia de pessoa para pessoa. A probabilidade de detetar uma crise numa fase inicial é maior quando se identifica uma zona ictal inicial. Uma forma de melhorar a localização da zona ictal é desenvolver registos EEG de alta densidade no couro cabeludo. Estas derivações de alta densidade oferecem uma melhor resolução espacial e a possibilidade de localizar fontes dipolares do que os sistemas convencionais de registo EEG com macro-electrodos. As sondas intracranianas com matrizes de microelectrodos em regiões cerebrais suspeitas melhoram ainda mais a localização. A informação obtida a partir de derivações EEG intracranianas é considerada o padrão de ouro para a resolução espacial da fonte de atividade epileptiforme. Estes registos intracranianos são também utilizados para compreender melhor a interação das redes locais durante um evento epilético (Jouny et al., 2011). Com estes novos sistemas de registo de eléctrodos, é muito mais provável que a zona de início da crise seja corretamente identificada[92] .

Outro problema fundamental para o BCI nesta fase é a questão de saber quais os sinais que devem ser considerados fora das convulsões, nomeadamente no que diz respeito à eficácia da terapia. Por exemplo, alguns picos interictais assemelham-se a convulsões, mas duram apenas alguns segundos sem evoluir para uma convulsão (Jouny et al., 2011). Apesar da sua curta duração, têm caraterísticas semelhantes às de uma convulsão. Uma atividade muito localizada, como as microcrises, poderia estar correlacionada com as crises parciais. Se for esse o caso, estas microcrises podem ser potenciais candidatos à terapia de estimulação [93].

3.4.3 Algoritmo de deteção/previsão de convulsões

No sistema BCI aqui abordado, os algoritmos devem ser capazes de detetar uma crise a partir de um estado de não-crise (algoritmo de deteção) ou prever uma crise iminente (algoritmo de previsão). Existe uma série de algoritmos de deteção que utilizam diferentes métodos lineares e não lineares e que têm sido utilizados com diferentes graus de sucesso. Apesar de alguns resultados promissores, a validade e a fiabilidade dos algoritmos de previsão continuam a ser questionáveis, uma vez que a maioria deles se baseia em registos EEG selectivos ou limitados, ou sem validação estatística da sensibilidade e especificidade dos diferentes métodos.

A deteção precoce é uma tarefa menos difícil, mas está longe de ser a ideal para aplicação na investigação em BCI; determina a janela de tempo em que os dispositivos de alerta ou de terapia serão acionados. Para alertar, o ideal é detetar uma crise antes de a pessoa em causa perder a consciência ou a atenção. Para a terapia, é necessário detetar uma crise o mais cedo possível. Como já referimos, a utilização de matrizes de alta densidade ou microelectrodos na aquisição e deteção de sinais tem um efeito positivo na capacidade de detetar convulsões numa fase precoce. A própria capacidade de um algoritmo pode determinar diretamente a precocidade com que um evento epilético é detectado [94]. Por outro lado, a deteção precoce é sempre feita à custa da especificidade de um algoritmo. Podem ser introduzidas algumas melhorias para aumentar a qualidade da deteção precoce, como a combinação de caraterísticas lineares e não lineares, uma abordagem multicanal e um procedimento de decisão.

Outra dificuldade na aplicação de algoritmos BCI é ter em conta a interação entre diferentes estados, como as variações circadianas ou a vigilância, e as convulsões. A probabilidade de convulsões pode ser influenciada pela fase do sono, pelo débito de sono e pelos ritmos diurnos e outros ritmos fisiológicos. Foi relatado que as fases circadianas e a fase do sono afectam as crises em modelos de epilepsia em ratos. Verificou-se também que os algoritmos de previsão falso-positivos favorecem determinados estados de alerta, nomeadamente o sono profundo. São necessários mais esforços para melhorar a previsão das crises, por exemplo, através de modelos informáticos para estudar o estado de alerta e a fase circadiana [95].

3.4.4 . Aplicação e utilizador

A saída da BCI é o dispositivo que pode desencadear alertas ou terapias nos utilizadores. Dado o objetivo terapêutico, a eficácia da terapia é o instrumento padrão para avaliar o desempenho da BCI. Para além da estimulação eléctrica, têm sido utilizadas outras terapias, tais como antiespasmódicos, energia térmica (arrefecimento) e condições operatórias. Em comparação com a terapia eléctrica, a principal limitação da terapia farmacológica e da energia térmica é a lenta taxa de difusão dos tecidos, o que significa que as terapias só atingem a área-alvo tardiamente, se é que atingem, mesmo que sejam administradas localmente. Por outro lado, a estimulação eléctrica é a aplicação mais comum da BCI e é também discutida nesta secção [96].

3.4.5 . Parâmetros terapêuticos para os utilizadores

Um dos desafios na utilização de BCI é o tipo de estimulação, ou seja, a escolha dos parâmetros de estimulação adequados. Nos seres humanos, os parâmetros de estimulação são frequentemente determinados e ajustados por tentativa e erro, a fim de evitar efeitos secundários, respeitando simultaneamente os limites de segurança em termos de densidade de carga. Vários estudos, nomeadamente em animais, procuraram determinar quais os parâmetros de estimulação - frequência de estimulação, forma de onda, amplitude, duração - que poderiam conduzir a um melhor controlo das crises [97].

A frequência da estimulação parece ser um fator-chave. A estimulação de alta frequência (HFS) (>100 Hz) é habitualmente utilizada clinicamente para tratar perturbações motoras

como a doença de Parkinson e também para tratar doentes com epilepsia refractária. A HFS tem sido utilizada em diferentes áreas do cérebro, como o núcleo anterior do tálamo, o hipocampo e o tálamo, com resultados variáveis no controlo das crises.
Em contrapartida, a estimulação de baixa frequência tem efeitos limitados e diferentes. Verificou-se que a estimulação de baixa frequência (0,5-3 Hz) aumenta o limiar da DA em modelos animais inflamados. Yamamoto e colegas (2002) demonstraram que a LFS no córtex tinha efeitos antiepilépticos focais em pacientes com ETL [98]. No entanto, nenhum outro estudo relatou tais efeitos do LFS em modelos animais e em pessoas com LES. Até mesmo alguns estudos clínicos relataram evidências conflitantes - agravamento de convulsões por LFS no núcleo talâmico centromediano em 12 pacientes.

Para além disso, alguns estudos compararam o HFS e o LFS sob as mesmas condições experimentais. Albensi e colaboradores compararam os efeitos da EAF (100 Hz) e da EAF (1 Hz) na atividade epileptiforme em secções do hipocampo. Ambos os tipos de estimulação suprimiram a atividade epileptiforme, mas com uma diferença: a supressão por LFS ocorreu de forma gradual mas contínua, enquanto a supressão por HFS foi rápida mas temporária. Os efeitos do LFS (5 Hz) e do HFS (130 Hz) na AD em ratos inflamados foram comparados [99]. O HFS foi mais eficaz com um limiar mais elevado de ADs e uma latência mais longa. Boex e colaboradores compararam os dois tipos de estimulação em três doentes e concluíram que a HFS era mais eficaz na redução da taxa de ataques. Rajdev e colegas estudaram a frequência de estimulação (alta, média e baixa), a largura de pulso (alta e baixa) e a amplitude (alta e baixa) durante as crises em ratos tratados com cainite. Os resultados mostraram que as frequências baixa (5 Hz) e alta (130 Hz) foram eficazes na supressão da atividade epilética em comparação com as frequências médias (60 Hz). Em conjunto, estes estudos indicam que a HFS é a mais eficaz na supressão de convulsões, enquanto a LFS tem efeitos mais complicados, dependendo do modelo animal e do tipo de epilepsia escolhido para a aplicação da LFS.

Outros factores, como a largura do impulso e a forma de onda, podem também influenciar os efeitos da estimulação. No estudo supracitado, Rajdev e colegas examinaram a influência de diferentes larguras de pulso (60, 120, 240 us) nas DAs. Com o aumento da largura do impulso (120, 240 us), foi necessária uma menor amplitude de estimulação para induzir DAs, indicando um limiar mais elevado para interrupções de DA com uma largura de impulso mais curta (60 us). A força do impulso (intensidade multiplicada pela duração) determina a sua eficácia neste modelo. Além disso, a forma de onda da estimulação também pode influenciar os efeitos da estimulação. O limiar para a supressão da atividade somática e axonal foi mais baixo com a HFS sinusoidal do que com a HFS por impulsos [100].

Recentemente, foi proposto um novo método de estimulação: a "codificação temporal". Cota e colegas referiram que a estimulação com um "intervalo de estimulação pseudo-aleatório" aumentava significativamente o limiar das crises tónico-clónicas no modelo do pentilenotetrazol (PTZ). Do mesmo modo, verificou-se que a estimulação com distribuição de Poisson reduziu as crises espontâneas no modelo SE de ELT e no modelo GEARs de epilepsia de ausência. Além disso, foi estudada a estimulação cortical em vários locais de estimulação em diferentes combinações de modos de estimulação periódica/periódica (periódica - com um intervalo fixo entre as estimulações) e síncrona/assíncrona (síncrona - estimulação ao mesmo tempo) em ratos. Os resultados mostraram que a estimulação assíncrona foi mais eficaz na supressão da gravidade e da duração das crises. Embora ainda não seja claro quais os parâmetros mais adequados para cada modelo de crise, estes estudos dão-nos mais ideias sobre como melhorar a eficácia do tratamento [101].

3.4.6 Escolha do destino

Outra questão fundamental relacionada com a utilização de BCI é o local onde a estimulação deve ser efectuada. Até à data, foi estudado um grande número de zonas para determinar os efeitos da estimulação. Estas zonas são zonas em que se desencadeiam convulsões ou zonas envolvidas no desenvolvimento de convulsões. As caraterísticas intrínsecas e extrínsecas destas áreas determinam as suas diferentes respostas à estimulação. Em cada área-alvo, por exemplo, a composição dos diferentes tipos de neurónios e as suas propriedades biofísicas são diferentes, o que tem um impacto nas respostas dos neurónios individuais e dos neurónios como um todo à estimulação. Além disso, as ligações anatómicas entre estas áreas-alvo diferem umas das outras, o que pode influenciar a dinâmica das populações de neurónios e a sensibilidade à estimulação [102].

3.4.7 Terapia específica para cada doente

Também é verdade que a terapia específica do paciente é a nova direção para as BCI em operações de aplicação. Na clínica, os parâmetros de estimulação são geralmente adaptados a cada paciente, a fim de evitar efeitos adversos e, ao mesmo tempo, preservar o efeito terapêutico. Osorio e o seu grupo utilizaram a regressão linear num estudo retrospetivo para examinar os resultados de um estudo em que a estimulação reactiva foi utilizada em oito pacientes com epilepsia refractária. Os modelos de regressão foram usados para testar as contribuições de vários factores potencialmente relevantes, tais como configurações de parâmetros (isto é, diferentes combinações de frequência de estimulação, intensidade de corrente, duração, largura de pulso e localização), para alterações na gravidade das crises. Os resultados mostraram que algumas configurações de parâmetros foram mais eficazes na redução da gravidade das crises nalguns doentes do que noutros, o que sugere diferenças individuais na definição dos parâmetros de estimulação. Assim, as definições de estimulação adaptativas e específicas para cada doente podem ser um próximo passo necessário na aplicação da BCI para alcançar uma eficácia óptima [103].

3.5 Sistema de estimulação cerebral profunda (DBS)

Um dos tratamentos mais utilizados tem sido a ECP para a doença de Parkinson avançada desde 1997, altura em que a Food and Drug Administration (FDA) dos EUA aprovou sistemas de ECP unilaterais para o tratamento da doença de Parkinson [104]. Uma empresa de tecnologia médica atualmente bem conhecida, a Medtronic [105], oferece dispositivos de ECP bilateral. Os dispositivos de ECP bilateral, que foram aprovados pela FDA em 2002, consistem em dois neuroestimuladores. Um para cada lado do cérebro. Tal como um pacemaker, a DBS utiliza um neuroestimulador para gerar e enviar impulsos eléctricos de alta frequência para o STN ou GPi através de fios de extensão e eléctrodos. O neuroestimulador Soletra, que foi apresentado pela Medtronic como o dispositivo mais avançado operado por bateria, mede 55 *mm* * 60 *mm* * 10 *mm* e pesa 42 *gramas*.

Figura 28: Neuroestimulador Soletra e elétrodo DBS

O neuroestimulador é relativamente grande e é implantado subcutaneamente sob a clavícula, como mostrado na Figura 28 [106]. Na anatomia humana, a **clavícula** é um osso longo que atua como um espaçador entre a escápula e o esterno (Figura 29). É o único osso longo do corpo que se encontra na horizontal. Faz parte da cintura escapular e torácica e é palpável em todos os indivíduos; nas pessoas com menos gordura nesta zona, a posição do osso é claramente visível, pois forma uma protuberância na pele. O nome provém da *palavra* latina *clavicula* ("pequena chave"), uma vez que o osso roda em torno do seu eixo como uma chave quando o ombro é baixado.

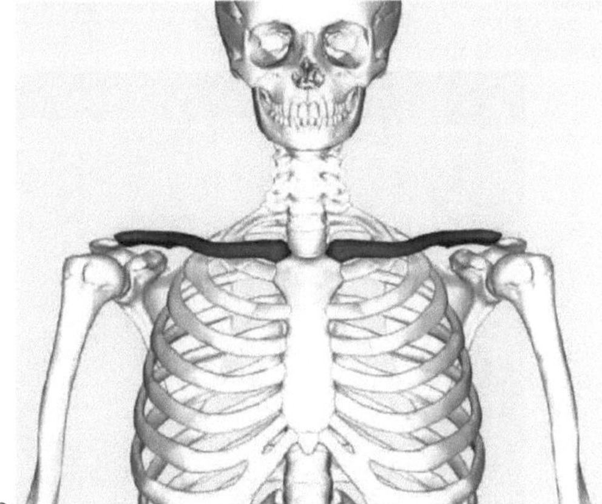

Figura 29: Clavícula ou clavícula

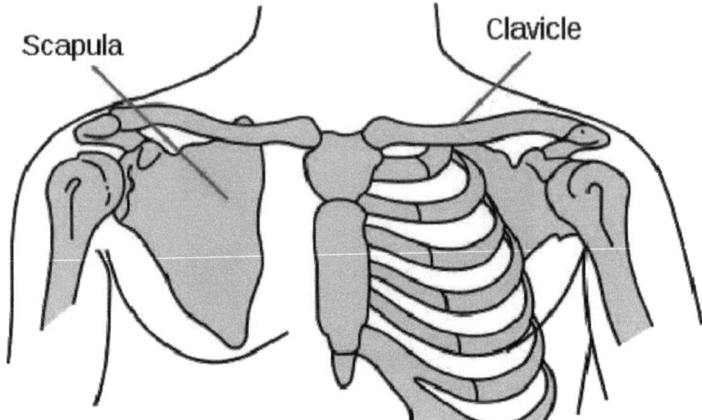

Figura 30: Escápula e esterno

Um fio de extensão isolado passa sob a pele do ombro, do pescoço e da cabeça para fornecer os impulsos de estimulação (Figura 30). Os impulsos de estimulação são transmitidos do neuroestimulador para os eléctrodos, que são implantados profundamente no cérebro através de um orifício feito no crânio. Infelizmente, foram relatadas várias complicações físicas, que afectam mais de 26% dos doentes [107]; estas incluem infeção durante o procedimento, erosão da extensão, quebra do fio condutor e mau funcionamento do neuroestimulador. Estas complicações cirúrgicas poderiam ser reduzidas com um dispositivo mais pequeno e autónomo que não necessitasse de um fio de extensão Figura 31.

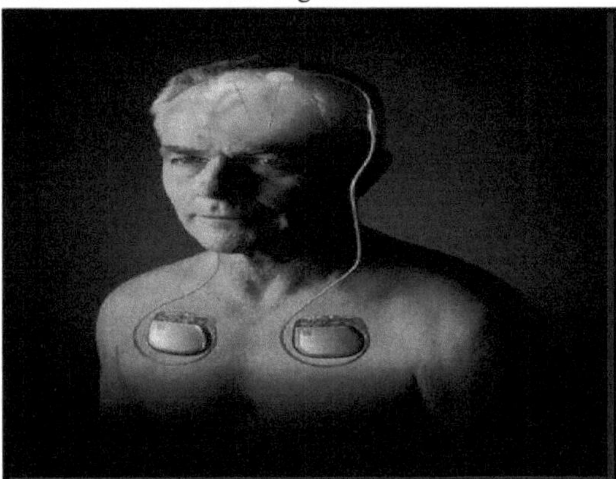

Figura 31: Instalação do sistema DBS da Medtronic

O neuroestimulador da Medtronic é programado após a cirurgia por técnicos treinados para encontrar os parâmetros de sinalização mais eficazes para aliviar os sintomas de Parkinson. No entanto, pode demorar até um ano a encontrar os parâmetros mais adequados para os doentes [108]. Os parâmetros de sinalização eficazes são a amplitude, a frequência e a largura de pulso. Este processo de adaptação efectiva do sinal ainda não é bem compreendido. O único mecanismo de feedback atual é o sinal visual de atenuação do tremor. Cada doente tem uma seleção única de amplitudes de sinal, frequências e larguras de impulso eficazes para o tratamento da sua doença. É por esta razão que os doentes a quem foi implantado um DBS necessitam frequentemente de consultar o seu médico para afinar os parâmetros de estimulação. Quando a informação interna do cérebro de Parkinson é detectada, os parâmetros corretos podem ser encontrados automaticamente por um microprocessador especializado, sem a necessidade de visitar um centro médico, o que é muito dispendioso.

O candidato mais forte para um sinal de feedback interno é uma alteração anormal no padrão de picos neuronais ou potenciais de campo em comparação com o normal, quando os sintomas da doença de Parkinson aparecem.
Normalmente, os sinais de picos têm uma largura de banda de 100 *Hz* a 10 *kHz* e valores de amplitude de até ±500 pV, e os potenciais de campo locais (LFP) têm uma largura de banda de 1 *Hz* a 50 *Hz* com valores de amplitude de até ±10 mV. O registo extracelular do córtex do rato forneceu uma potência excessiva a partir de um potencial de campo de baixa frequência de 15 a 30 *Hz* [109]. As microssondas multicanais são utilizadas para medir a atividade neuronal extracelular. Podem registar a atividade de uma população neuronal sob a forma de trens de picos, bem como de LFPs mais lentos. Além disso, os microelectrodos devem proporcionar uma estimulação eléctrica localizada durante um período prolongado de até 5 anos, sem danificar o tecido cerebral [23]. Para utilização clínica em seres humanos, o elétrodo deve ter um comprimento mínimo de 10 cm e uma secção transversal pequena. Isto ajuda a minimizar os danos nos tecidos e é consistente com os instrumentos estereotáxicos padrão com propriedades estáveis e biocompatíveis [24]. Além disso, o elétrodo deve ser suficientemente rígido para suportar as forças de inserção durante o procedimento e para permitir que os canais da sonda sejam posicionados com precisão perto do pequeno NST [110].

Os sinais neurais recolhidos dos microelectrodos tiveram de ser processados utilizando circuitos front-end, tais como pré-amplificadores e conversores analógico-digitais (ADC). Devido à baixa amplitude dos picos neurais, foram utilizados pré-amplificadores integrados para amplificar os pequenos sinais antes da conversão de dados. O design do front-end tinha de ser de baixo ruído para garantir a integridade do sinal e consumir pouca energia. Nos últimos dez anos, foram propostos diferentes tipos de circuitos front-end para registos neurais. No primeiro trabalho, a Universidade de Michigan apresentou uma integração ativa de microssondas multicanais com circuitos complementares de semicondutores de metal-óxido (CMOS). No entanto, o ganho de largura de banda é instável e a gama dinâmica é limitada por um grande desvio DC, que depende da interface elétrodo-tecido. Para estabilizar este potencial DC aleatório, foi ligada uma resistência de derivação à entrada do elétrodo. Esta resistência paralela fornece um caminho curto para o sinal DC, enquanto o ganho AC raramente se altera. Só pode ser utilizada para o registo neuronal agudo, uma vez que a impedância das microssondas se altera com o tempo numa experiência a longo prazo. Uma integração num único chip de pré-amplificadores, ADC e telemetria foi proposta por Song *et al.* na Universidade Estatal do Arizona. Mais recentemente, a Universidade de Utah desenvolveu uma integração sem fios mais avançada com 100 canais de registo neural [111].

No entanto, a maior parte dos trabalhos centrou-se apenas no registo de picos neuronais e não existe um pequeno sistema autónomo para registar picos e LFPs simultaneamente, uma vez que as caraterísticas de ambos os sinais são difíceis. Para cobrir toda a gama de picos com sinais pequenos e LFPs com sinais grandes, é necessário um ADC de gama dinâmica elevada para digitalizar toda a informação desejada sobre os picos.

Infelizmente, muitos investigadores ainda estão a tentar encontrar os locais no cérebro profundo onde a ECP pode aliviar mais eficazmente os sintomas de Parkinson[112]. O posicionamento preciso do elétrodo de ECP é também uma área de investigação ativa[113]. A estimulação multicanal com microelectrodos distribuídos pelos núcleos-alvo pode ser uma boa solução para este problema se o sistema oferecer um controlo preciso e independente da localização com estimulação espacial programável. Apesar do interesse crescente na investigação da ECP, o desenvolvimento técnico dos eléctrodos da ECP é ainda muito limitado [114].

Metodologia de investigação real

A metodologia de investigação aplicada inclui medições encefalográficas registadas através de um sistema composto pelos seguintes elementos:

1. Eléctrodos com meios condutores
2. Amplificador com filtros
3. Conversor A/D
4. Dispositivo de registo.

Eléctrodos EEG

Os eléctrodos de aço inoxidável, estanho, ouro ou prata, sob a forma de pequenos discos metálicos revestidos com uma camada de cloreto de prata (Figura 32), são colocados em locais precisos do cérebro. O sistema internacional 10/20 é utilizado para determinar a localização dos eléctrodos. Cada localização dos eléctrodos é designada por uma letra e um número. A letra refere-se à área do cérebro por baixo do elétrodo, por exemplo, F - lobo frontal e T - lobo temporal. Os números pares referem-se ao lado direito da cabeça e os números ímpares ao lado esquerdo da cabeça.

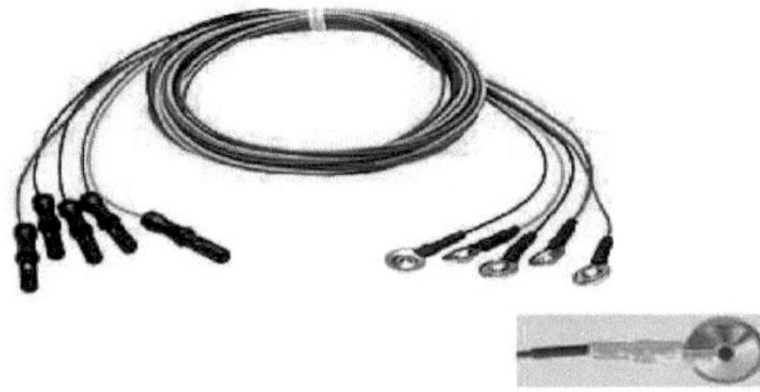

Figura 32: Cabo EEG com eléctrodos em forma de disco aos quais é aplicado gel de eléctrodos e com o couro cabeludo do sujeito.

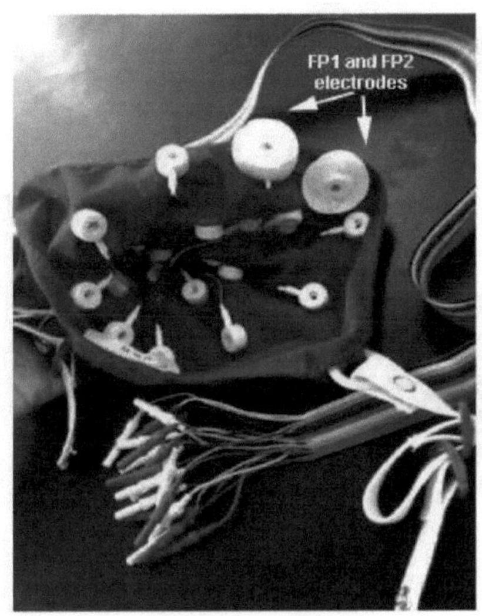

Figura 33: Interior da tampa do elétrodo

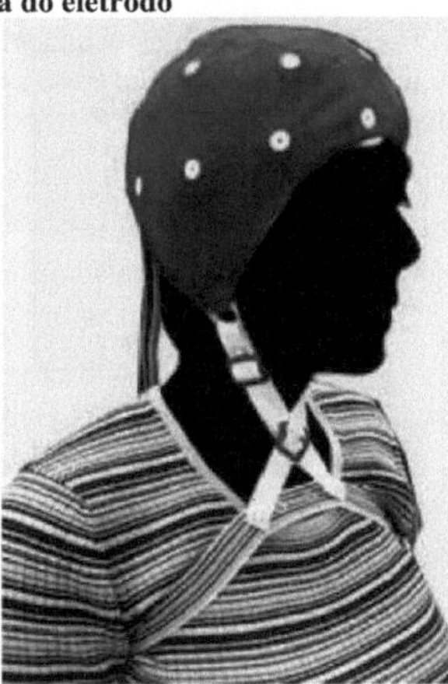

Figura 34: Muitos sistemas de registo utilizam uma tampa na qual estão integrados eléctrodos. Isto facilita o registo quando são necessárias matrizes de eléctrodos de alta densidade ou quando é necessário comparar os locais de registo.

1) **Gel para eléctrodos: trata-se de** uma solução deformável que é aplicada aos eléctrodos, de modo a que, com menos movimentos dos cabos dos eléctrodos, os artefactos sejam reduzidos ao mínimo. O contacto com a pele é maximiza e permite o registo com baixa resistência através da pele (Figura 35).

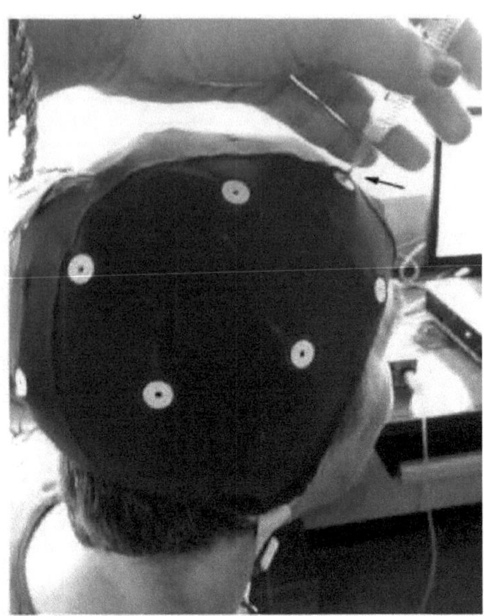

Figura 35: O gel eletrolítico é injetado em cada cavidade até que uma pequena quantidade passe pelo orifício da montagem. Quando se aplica uma ligeira pressão para baixo, a seringa com a agulha romba move-se para trás e para a frente e enche o orifício.

Posicionamento dos eléctrodos

Os eléctrodos são aplicados no couro cabeludo utilizando o sistema 10/20 normalizado internacionalmente. No

Sistema internacional 10/20, a distância dos eléctrodos colocados é em percentagem de zonas 10/20 entre o násio e o bolbo e pontos fixos. Os pontos são designados por pólo frontal (Fp), pólo central (C), pólo parietal (P), pólo occipital (O) e pólo temporal (T). Os eléctrodos centrais são indicados pelo z no índice inferior, que representa o zero (figura 36). O índice ímpar é utilizado para **o hemisfério** esquerdo e **o índice par para o hemisfério direito**.

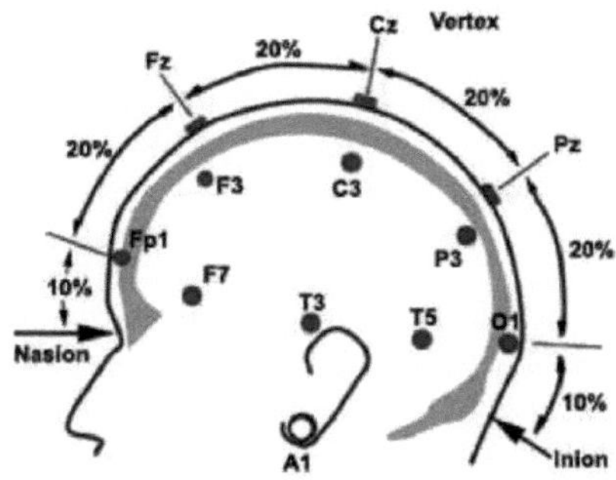

Figura 36: Sistema de colocação de eléctrodos 10/20

Em segunda mão.

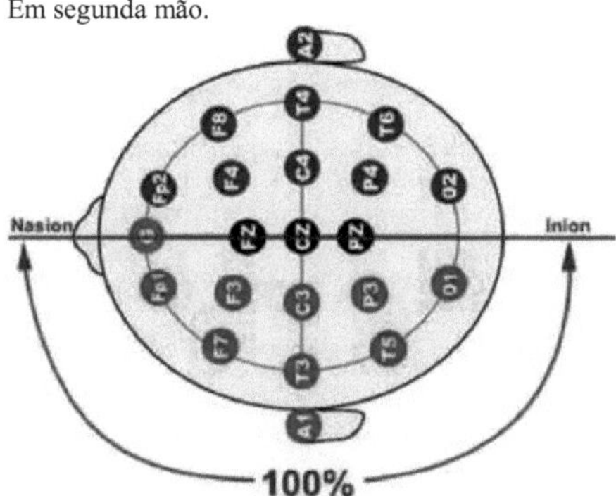

Figura 37: Sistema de colocação de eléctrodos 10/20

Estes eléctrodos devem ser capazes de criar uma interface entre a solução iónica ligada ao sujeito ou ao doente e o condutor metálico ou elétrodo. O elétrodo, que não está em contacto com a pele, actua como uma antena, resultando em interferências de 60 ciclos. Os artefactos devidos aos movimentos oculares e a vários outros motivos devem ser tidos em conta, e a extração do sinal necessário deve ser realizada e orientada pelo modelo proposto, que oferece a solução sem fios do neuroestimulador.

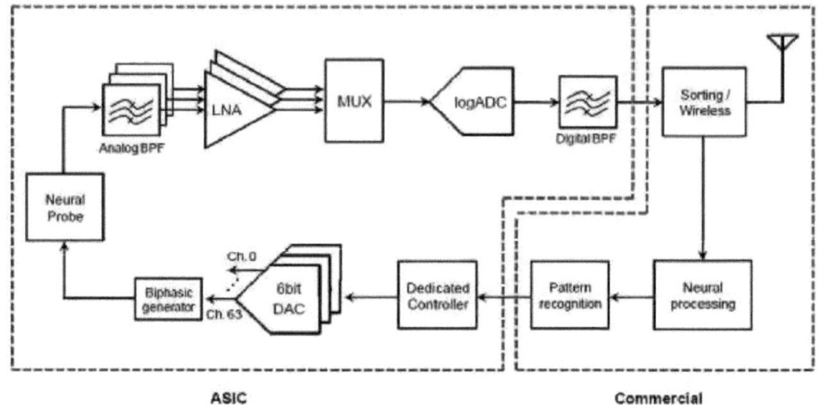

Figura 38: Diagrama de blocos do sistema DBS proposto

Diagrama de blocos do dispositivo CDBS integrado com transmissão sem fios para análise subsequente dos dados neuronais processados por um examinador externo (Figura 38) Foram implantadas duas sondas neuronais multicanais no córtex motor e no STN, respetivamente. São utilizadas para transmitir os sinais neuronais registados e os impulsos de estimulação. As ondas neuronais registadas passam por amplificadores neuronais individuais de baixo ruído (LNAs) com filtragem analógica passa-banda e são multiplexadas num único ADC logarítmico com elevada gama dinâmica na conduta. O ADC logarítmico proposto explora o facto de que a caraterística de espículas neurais funciona numa escala compressiva. A maneira mais adequada de codificar os picos neurais é usar uma resolução variável, dependendo da amplitude do sinal. A gama dinâmica desejada é a gama de tamanhos de picos de neurónios vizinhos que geram potenciais de ação (PAs). Uma vez que é possível obter uma gama dinâmica mais elevada para um determinado comprimento de palavra com uma conversão logarítmica corretamente concebida [117], esta oferece uma forma mais eficiente de abranger toda a gama dinâmica dos PA neurais e dos LFP do que a codificação linear tradicional. Os dados neurais convertidos digitalmente são filtrados por filtros digitais FIR (Finite-Impulse-Response) para separar os PAs e LFPs neurais para pós-processamento. A utilização de filtros digitais tem a vantagem de reduzir o consumo de energia. Um microprocessador analisa os padrões neurais para classificar o estado parkinsoniano e encontrar as variáveis de estimulação mais eficazes para a estimulação eléctrica multicanal. Os parâmetros determinam a forma do impulso da estimulação. É utilizado um esquema bifásico para minimizar a carga residual aplicada aos tecidos. Um conversor digital-analógico (DAC) de 64 canais para controlo da corrente é utilizado para gerar a forma de impulso desejada. Os 64 DACs baseiam-se numa nova estrutura de (2+4) bits, em cascata por um único DAC grosso comum de 2 bits e 64 DACs finos individuais de 4 bits. Este formato poupa até uma ordem de grandeza da área do circuito e proporciona uma potência de estimulação suficiente.

A doença de Parkinson precisa de ser melhor compreendida para que possa ser desenvolvido um algoritmo de feedback. Para fazer avançar a investigação nesta área, é necessário estabelecer uma ligação de monitorização sem fios com um PC anfitrião externo situado fora do corpo. A telemetria sem fios elimina a necessidade de grandes feixes de cabos multicanal e o ruído ambiente emitido por esses cabos. Também não interfere com a liberdade de movimentos dos animais e das pessoas. O sistema proposto utiliza um transcetor de radiofrequência (RF) de 2,4 GHz, que permite uma taxa de transferência de dados de *1* Mbps para monitorização fisiológica. A banda de frequência de 2,4 GHz é atribuída pela Comissão Federal de Comunicações dos EUA (FCC) para fins industriais, científicos e médicos (ISM) [35]. E uma taxa de dados de 1 *Mbps* fornece largura de banda suficiente para a transmissão simultânea de dados neurais em vários canais.

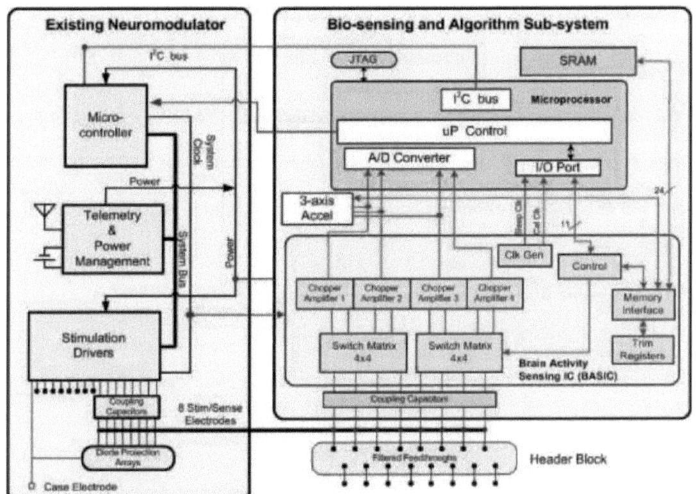

Figura 39: Diagrama dos neuroestimuladores utilizados no cérebro

O papel da apoptose na perda neuronal na doença de Parkinson (DP) é controverso. Embora existam provas consideráveis de uma contribuição apoptótica para a perda neuronal na DP, em particular no niger, há dois factores que impedem a aceitação geral: (1) as limitações da utilização de técnicas de marcação in situ da extremidade 3' para detetar a clivagem do ADN nuclear e (2) a insistência de que devem estar presentes várias caraterísticas morfológicas nucleares antes de se poder explicar a morte apoptótica. Começamos por apresentar uma panorâmica dos processos moleculares subjacentes à degradação nuclear apoptótica, bem como a literatura sobre a falta de fiabilidade da marcação do ADN com a extremidade 3' como marcador da degradação nuclear apoptótica. São apresentadas informações recentes sobre as diferentes vias de sinalização dependentes e independentes da caspase que medeiam a degradação nuclear apoptótica e determinam as caraterísticas morfológicas da degradação nuclear apoptótica. É demonstrado que uma única morfologia nuclear não é suficiente para detetar a apoptose e que o citocromo *c*, a procaspase 9 e a caspase 3 estão envolvidos na apoptose da DP nigeriana. O aumento da permeabilidade da membrana mitocondrial dependente de BAX é responsável pela libertação de factores mitocondriais que sinalizam a degradação apoptótica, tendo sido observados níveis elevados de BAX num subconjunto de neurónios nigrais da DP. Estudos utilizando imunocitoquímica na DP niger post-mortem começaram a definir as vias de sinalização pré-mitocondrial da apoptose nesta doença. Foram identificadas duas vias potencialmente interdependentes: (1) uma via ABX da p53-gliceraldeído-3-fosfato desidrogenase (GAPDH) e (2) uma via FAS-recetor FADD-caspase 8-BAX. Com base no que precede, parece improvável que a apoptose não contribua para a perda de neurónios da DP e a definição das vias de sinalização pré-mitocondriais poderá permitir o desenvolvimento e o ensaio de uma terapia para a DP baseada na apoptose.

Uma forma eficaz de comparar os métodos de estimativa descritos e avaliar o seu desempenho é utilizar dados simulados. A ideia é poder controlar as propriedades dos picos e potenciais simulados, e depois comparar os potenciais estimados com os potenciais simulados "verdadeiros" [119].

Capítulo 4

IV. Comentários

4.1 Introdução

Nesta secção, os métodos propostos são comparados utilizando dados simulados e são realizadas várias experiências com o sujeito, embora as simulações só possam imitar medições reais. Para ter uma ideia da aplicabilidade real dos métodos, são efectuados alguns estudos de exemplo com dados de medição reais de sete indivíduos.

4.2 Simulação de medição multicanal

Vários métodos de simulação de medições de ERP de canal único foram propostos na literatura. No entanto, como estamos interessados em estimar medições de ERP multicanal, precisamos de um método que possa simular dados multicanal de uma forma razoavelmente realista. O desafio na simulação de medições multicanal é simular realisticamente a correlação entre canais de potenciais e EEG de fundo.

Um método comum consiste em basear as simulações no modelo de ruído aditivo. Desta forma, as observações são descritas como uma sobreposição da parte do sinal ligada ao evento e da parte independente do estímulo. No caso dos PRE, esta segunda parte representa o EEG de fundo. O processo de simulação pode, portanto, ser dividido em duas partes: simulação da resposta evocada e simulação do EEG de fundo.

Uma forma de simular respostas evocadas espacialmente correlacionadas consiste em utilizar um conjunto de dados efetivamente medidos como ponto de partida. Em seguida, alguns vectores próprios da matriz de correlação dos dados podem ser utilizados como funções de base para gerar respostas simuladas. No entanto, este tipo de método de simulação é muito semelhante aos métodos de estimação descritos. Assim, este método conduziria a uma "situação de crime invertido", ou seja, utilizaríamos quase o mesmo método para gerar as simulações e para as estimar. Isto conduziria a resultados pouco fiáveis e provavelmente irrealistas. Este tipo de método de simulação não resolve o problema da simulação de um EEG de fundo espacialmente correlacionado.

Outra forma de simular medições de ERP multicanal consiste em utilizar um modelo das propriedades eléctricas da cabeça e calcular as distribuições de potencial no couro cabeludo causadas por determinados dipolos na cabeça. Isto é conhecido como o problema avançado no contexto da localização da fonte de EEG.

Este tipo de método de simulação tem sido discutido, uma vez que as fontes reais dos picos de ERP são a ativação simultânea de várias estruturas cerebrais e não podem ser totalmente descritas por um pequeno grupo de dipolos. No entanto, este método é uma boa forma de gerar medições simuladas. Permite um controlo total sobre as caraterísticas das medições simuladas e as simulações são razoavelmente realistas, especialmente no que diz respeito à correlação espacial dos canais.

4.3 Experiências

O paciente, colocado sob observação experimental, é convidado a realizar uma única atividade mental - aritmética mental - durante 15 minutos. As regras seguidas durante a sessão estão representadas no esquema abaixo.

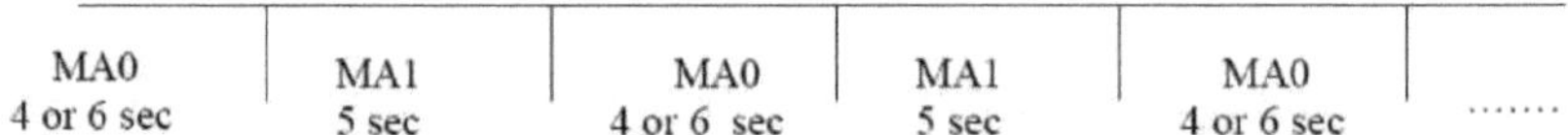

Figura 40: Atividade mental experimental com fases de repouso e de atividade.

Cada sessão é dividida em três secções de 5 minutos cada, que são uma combinação de MA0 e MA1, elas próprias divididas em fases de repouso e de atividade. Há 30 tentativas em cada secção de 5 minutos. Em cada tentativa, é apresentado um número de três dígitos durante um segundo. O sujeito realiza então a atividade mental MA1 durante 4 segundos, durante os quais começa por subtrair 3 ao número apresentado. De seguida, o sujeito passa para o estado de repouso MA0, durante o qual aparece "STOP" durante 1 segundo.

A duração total de MA0 é definida aleatoriamente entre 4 e 6 segundos. O primeiro segmento de um segundo é omitido devido à distorção do sinal causada pelos potenciais evocados visuais em MA0 e MA1.

4.4 DETECÇÃO DE SINAIS EEG APÓS A EXPERIÊNCIA

Os sinais após a aquisição com um dispositivo chamado MINDSET (figura 41). Utilizando o dispositivo internacional

Padrão 16 eléctrodos
Fp1",   "Fp2", "F7", "F3", "F4", "F8", "T3", "C3", "C4", "T4", "T5", "P3", "P4", "T6", "O1", "O2".

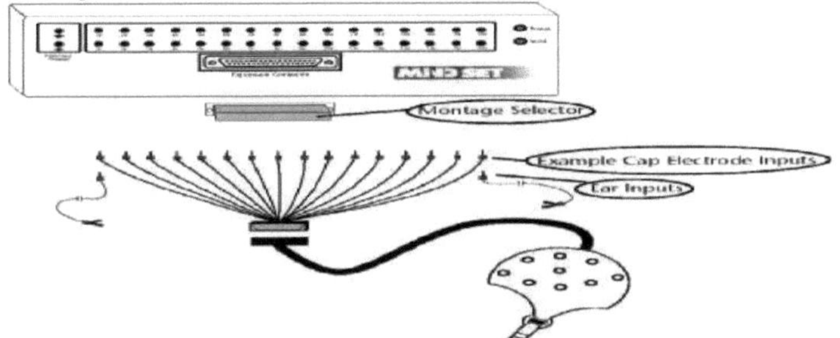

Figura 41: Dispositivo de captação de dados MINDSET

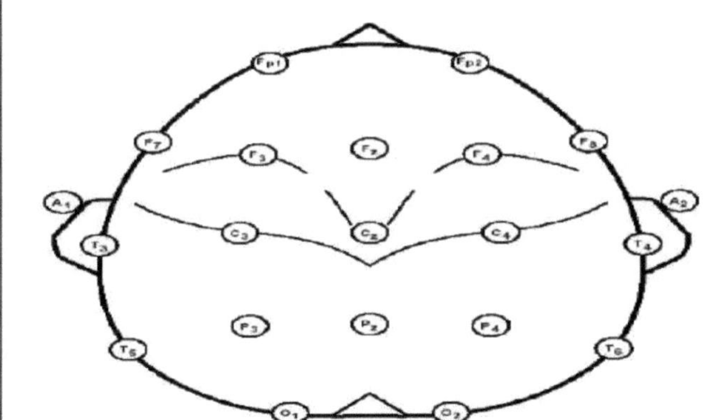

Figura 42: Sistema internacional para eléctrodos

O paciente ou sujeito é convidado a usar a capa de eléctrodos através da qual os sinais são recolhidos.

4.5 ELIMINAÇÃO DA FREQUÊNCIA DA REDE :

A intensidade do ruído no filtro é de 50 Hz. Utilizamos um filtro Notch para eliminar este ruído.

4.6 ELIMINAÇÃO DE ARTEFACTOS MUSCULARES :

Os sinais EEG obtidos contêm anomalias como os artefactos musculares. Estes artefactos musculares têm uma frequência e amplitudes elevadas, aparecendo principalmente nos eléctrodos "FP1" e "FP2". A figura seguinte mostra um sinal EEG típico que contém um artefacto e um sinal binário que identifica esse artefacto. Estes artefactos também podem ser distinguidos pelas suas amplitudes utilizando o algoritmo K-means (Figura 43).

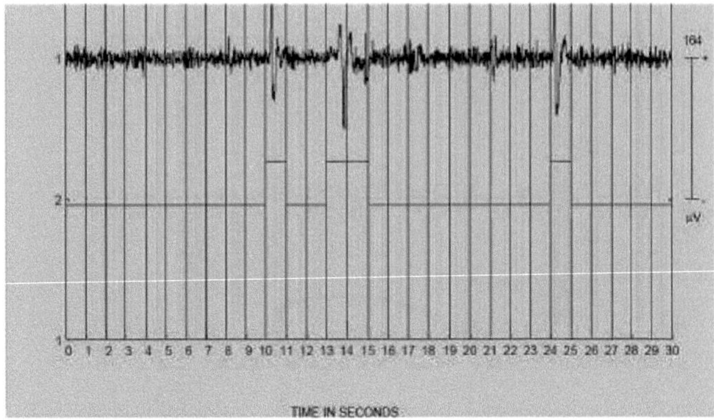

Figura 43: Esquema do elétrodo FP1

EXTRACÇÃO DE CARACTERÍSTICAS

1.1 Extração de caraterísticas espaciais :

A atividade mental de um paciente ou sujeito é identificada durante o seu estado de repouso. Para tal, utilizamos caraterísticas espaciais da atividade mental. O método de extração das caraterísticas espaciais é o seguinte: Considerar a atividade mental individual como uma contagem mental. Esta é registada como uma matriz MA1. E o estado de repouso é registado como atividade mental MA0. São utilizados dezasseis eléctrodos para as nossas medições. Cada tentativa dura quatro segundos. Com uma frequência de amostragem de 256 Hz, MA1 é portanto uma matriz de [16*1024*número de ensaios]. A frequência escolhida é a mesma que para MA0 e MA1, com bandas de frequência: 1-5 Hz, 5-9 Hz ...37-41 Hz. MA0 e MA1 são filtrados para cada banda e os sinais são extraídos das bandas filtradas. Para cada sinal filtrado, são determinados os valores de covariância média para MA0 e MA1. Se assumirmos, para uma dada banda de frequência, que a covariância média é X1 para MA1 e X0 para MA0, obtemos a matriz (X1 + X0) do seguinte modo

$$X_1 + X_0 = U_T DcU$$

Formamos agora outra matriz : $Y = Dc^{-0.5}UX^1U^TDc^{-0.5}$

E diagonalizá-los para $Y = V^TDvV$

para obter.

A matriz : $P_{BAND} = V^TDc^{-0.5}U$

Esta matriz dá o operador de projeção para MA1, que corresponde à banda de frequência em questão. Da mesma forma, obtêm-se os operadores de projeção para as outras bandas de frequência. Se, nas matrizes diagonais, os valores próprios forem dispostos por ordem decrescente, pode demonstrar-se matematicamente que as duas primeiras e as duas últimas linhas da matriz P desempenham um papel dominante. Chamamos a estas quatro linhas de P as quatro componentes da matriz P. Se for agora dada uma atividade mental qualquer, por exemplo MAk, podemos extrair as suas caraterísticas no espaço de projeção de MA1. Isto é feito da seguinte forma

$$F = P_{BANDi} MAk_{BANDi,TRIALj}$$

(em que $MAk_{BANDi,TRIALj}$ é a j-ésima tentativa de filtragem MAK para a i-ésima banda)

Podemos combinar estes vectores para formar uma matriz que representa a caraterística espacial extraída de MAk no espaço de projeção de MA1. Além disso, estamos a tentar treinar o nosso algoritmo para distinguir entre as caraterísticas espaciais de MA1 e a caraterística espacial de MA0, ambas obtidas utilizando a projeção P de MA1.

EXTRACÇÃO DAS CARACTERÍSTICAS DE FREQUÊNCIA :

Nesta abordagem, o espetro de frequência é utilizado para distinguir MA1 de MA0. FP1" e "FP2" são utilizados apenas para a deteção de artefactos e, por conseguinte, são omitidos da análise final. São utilizados um total de 14 eléctrodos e um total de 10 bandas de frequência: 1-5 Hz, 5-9 Hz, ...37-41 Hz. O valor médio

A potência em cada elétrodo, correspondente a cada banda de frequência, é calculada para cada ensaio. Por conseguinte, temos [14*10* número de ensaios] elementos para formar uma caraterística. Assim, são formados vectores de caraterísticas para MA0 e MA1.

SINAIS DE RECONHECIMENTO

O nosso objetivo é agora identificar o sinal principal que indica a atividade mental (contagem mental). Para isso, começamos por obter as caraterísticas espaciais de MA1 e MA0, utilizando a projeção P correspondente a MA1, e depois tentamos fazer a distinção com base nessas caraterísticas. A transformação FH é utilizada para representar os vectores de caraterísticas. A função kernel é definida por uma FH, que é um produto interno em H. A função de kernel utilizada nesta abordagem é um kernel gaussiano.

Se os dois parâmetros x e y pertencem a R, o núcleo Gaussiano é dado por

$$K(x,y) = \exp(-x.x-2x.y+y.y / \text{sigma}^2)$$

Trata-se de um filtro Butterworth utilizado para reduzir o ruído nos sinais neurais de entrada, em comparação com outros filtros, como os filtros passa-baixo, que são determinados por validação cruzada. O algoritmo é então treinado nos seguintes passos. São formados dois grupos, o grupo alvo e o grupo não alvo. Os dois conjuntos, Conjunto Alvo e Conjunto Não-Alvo, são as matrizes de caraterísticas para MA0 e MA1, respetivamente. Para obter uma análise imparcial, realizamos 40 ensaios para cada sujeito em ambas as actividades. Na tese, assumimos que os vectores que indicam o conjunto alvo estão localizados dentro da esfera de raio R e centrados em ohm □ (no espaço H), enquanto os vectores do conjunto não-alvo estão localizados fora da esfera. Os valores de R e □ são encontrados através da resolução de um problema de otimização que envolve a minimização do raio R.

Participaram na experiência sete indivíduos do sexo masculino, com idades compreendidas entre os 20 e os 30 anos. Os resultados são analisados com base nas caraterísticas espaciais e de frequência. Para as caraterísticas espaciais, a matriz de projeção P foi resumida para cada paciente, utilizando apenas o primeiro dos quatro componentes da matriz P e analisando os resultados. De seguida, analisaram-se os resultados da segunda, terceira e quarta componentes e traçaram-se os topoplots das quatro componentes.

Dados simulados :

thM é o EEG aleatório do estudo, normalmente distribuído com uma onda sinusoidal de frequência 10 Hz, que é finalmente adicionado ao elétrodo 11 T5. N é o segundo EEG aleatório do estudo, que é normalmente distribuído. A matriz P é calculada utilizando M como os dados-alvo e N como os dados não-alvo. O topoplot é então registado para os quatro componentes da matriz quadrada P para a banda de frequência 9-13 Hz e apresentado a seguir.

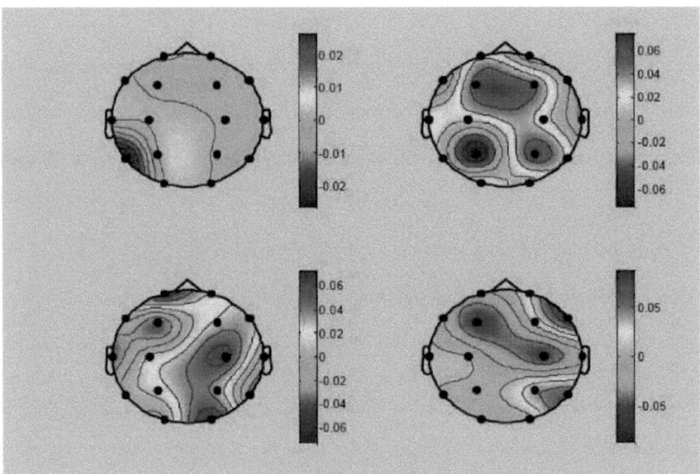

Figura 44: Topoplots de quatro doentes

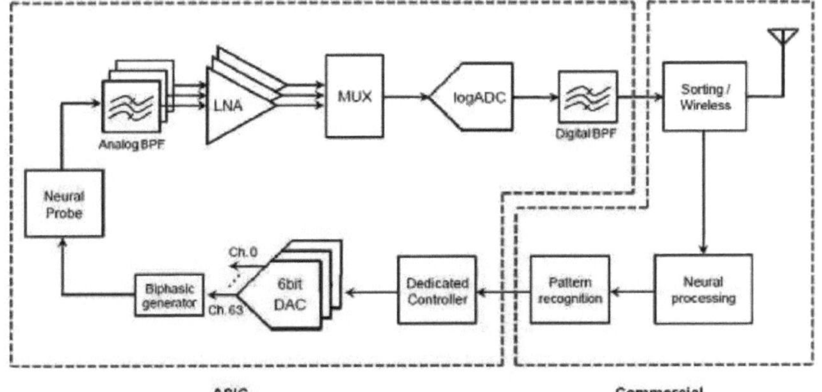

Figura 45: Diagrama de blocos de um neuroestimulador sem fios

Um sinal aleatório com uma frequência de amostragem de 500 é passado através de um filtro passa-banda com uma frequência de amostragem de 30 Hz,
frequência de corte de 5 Hz e um filtro passa-banda Butterworth de 10.ª ordem (figura 46).

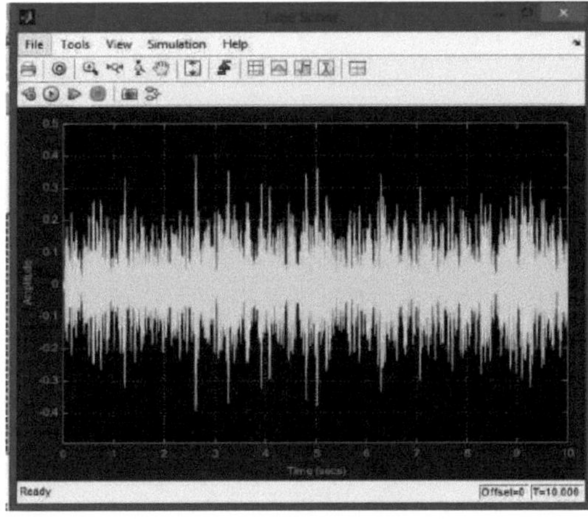

Figura 46: Sinal aleatório

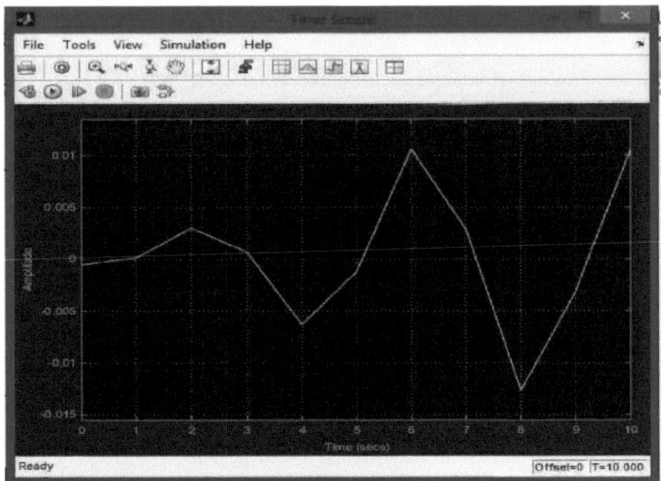

Figura 47: Sinal de saída que passa por um filtro passa-banda

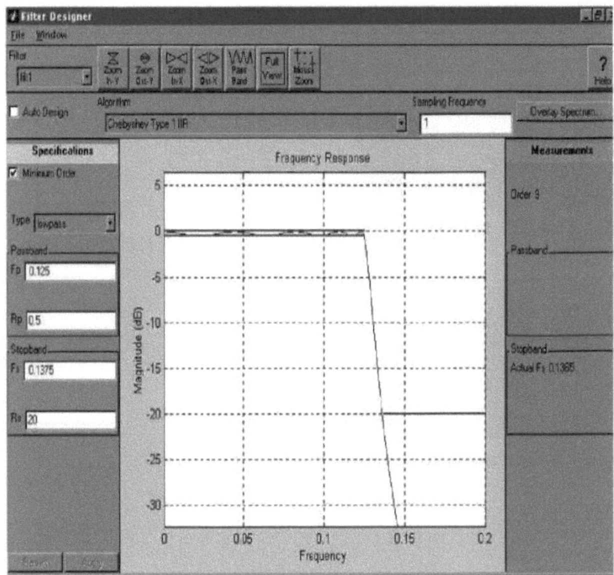

Figura 48: Conceção do filtro

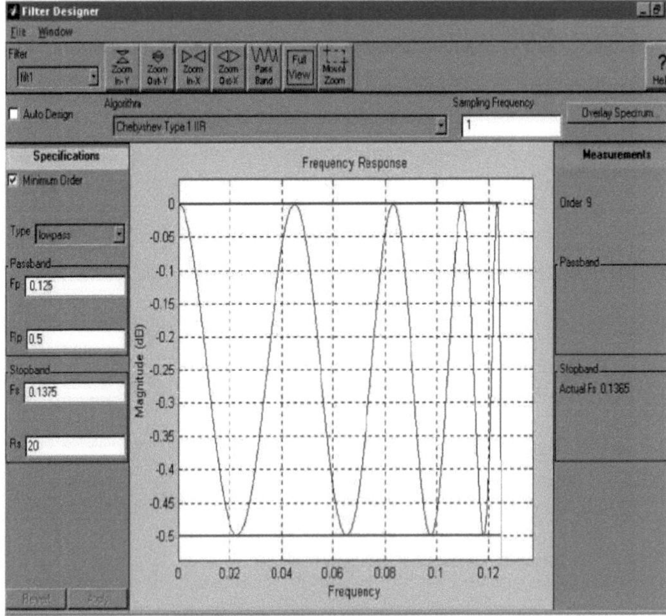

Figura 49: Triagem sem fios

Capítulo 5

V. Resultados e discussão

A epilepsia e a doença de Parkinson são causadas principalmente por perturbações da atividade eléctrica nos neurónios do cérebro. Esta atividade eléctrica é registada no couro cabeludo do cérebro. As formas de onda assim registadas representam a atividade cortical do cérebro. A intensidade do sinal é baixa e é medida em microvolts.

A frequência das ondas alfa, beta, teta e delta é descrita a seguir. De seguida, analisa-se um exemplo de um sinal EEG de epilepsia distorcido e discute-se o sinal cerebral normal resultante.

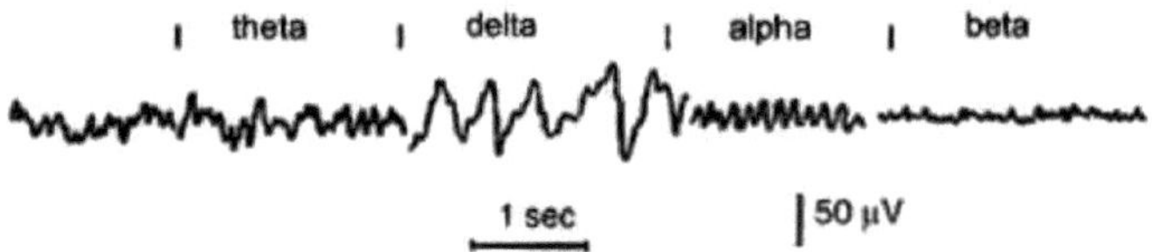

Figura 50: Diferentes tipos de frequências nos sinais EEG

A onda teta tem uma frequência de 3,5 a 7,5 Hz e é classificada como uma atividade lenta, normalmente normal em crianças de 13 anos durante o sono, mas anormal em adultos acordados e possivelmente causada por tensões subcorticais focais. Também é observada em condições como a encefalopatia e alguns casos de hidrocefalia.

As ondas delta têm uma frequência de 3 Hz ou inferior. Tendem a ter a maior amplitude e as ondas mais lentas. É normal em bebés até um ano de idade, mas é geralmente anormal em lesões subcorticais.

O alfa tem uma frequência entre 7,5 e 13 Hz. É geralmente mais visível num estado de relaxamento e nas regiões posteriores da cabeça de cada lado, com uma amplitude mais elevada no lado dominante. Aparece quando os olhos estão fechados e relaxamos e desaparece quando abrimos os olhos ou somos despertados por algum mecanismo (pensamento, cálculo). É o principal ritmo observado em adultos normalmente relaxados. Está presente durante a maior parte da nossa vida, sobretudo a partir dos treze anos.

Beta: a atividade mais rápida é a atividade beta, com uma frequência de 14 Hz e superior. Observa-se geralmente em ambos os lados, com uma distribuição simétrica. É reforçada pelos fármacos sedativos-hipnóticos, nomeadamente as benzodiazepinas e os barbitúricos. Pode estar ausente ou reduzida em zonas de lesão cortical. É geralmente considerado um ritmo normal. É o ritmo predominante em pacientes acordados, ansiosos ou com os olhos abertos.

Assim, o sinal de entrada distorcido do EEG é observado para sete sujeitos ou pacientes com 40 tentativas por sujeito. As formas de onda resultantes são explicadas de seguida.

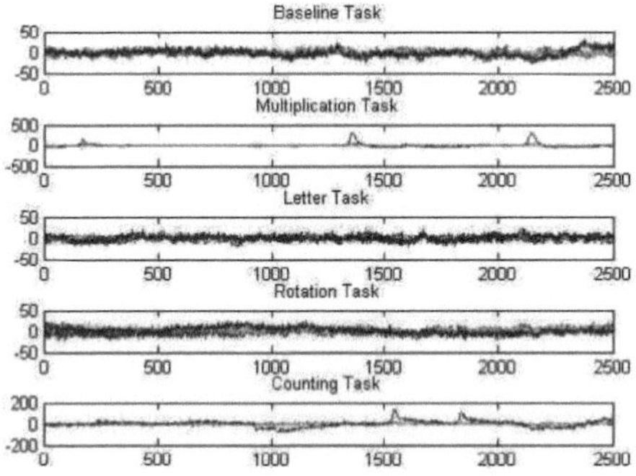

Figura 51: Sinal EEG aleatório

que, após a aplicação do circuito proposto, é convertido num sinal cerebral normal como um

apresentados abaixo? Os resultados são discutidos para uma experiência média num dos doentes. O sinal inferior é o sinal do eletroencefalograma (EEG), que inclui componentes de ruído e componentes de distorção devidos a artefactos como movimentos oculares ou musculares, como se mostra na Figura 52.

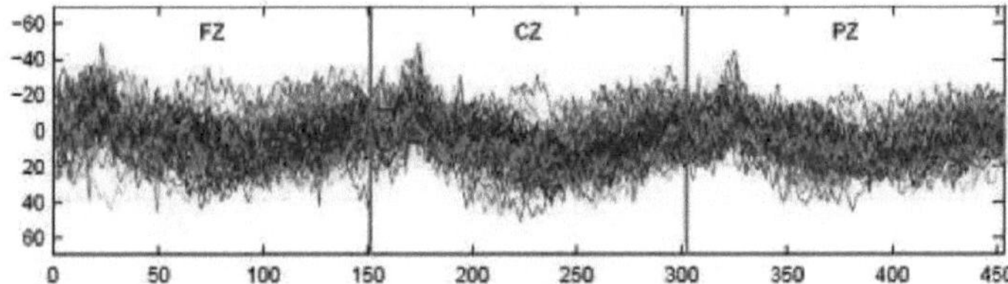

Figura 52: Sinal EEG distorcido devido a ruído e artefactos

O sinal EEG é então passado através do filtro Butterworth para obter o sinal apresentado na Figura 53.

depois de o ruído ter sido removido do filtro e de o sinal resultante conter a distorção devida a artefactos musculares ou a movimentos oculares. A figura 54 mostra a remoção dos artefactos devidos aos movimentos dos olhos e dos músculos durante a experiência, mas a multiplexagem dos diferentes

respostas simuladas.

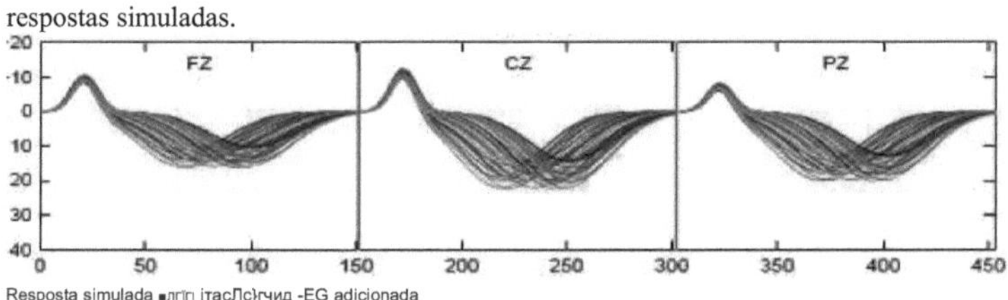

Resposta simulada ■лгiп iтacЛc}гчид -EG adicionada

Figura 53: Resposta ERP simulada para um EEG de fundo adicionado

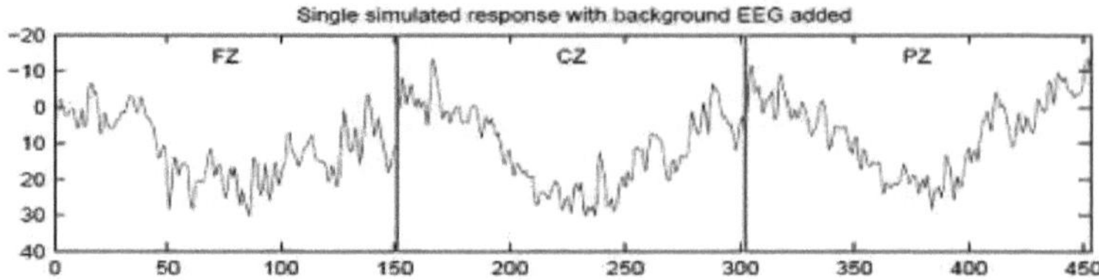

Figura 54: Resposta única simulada

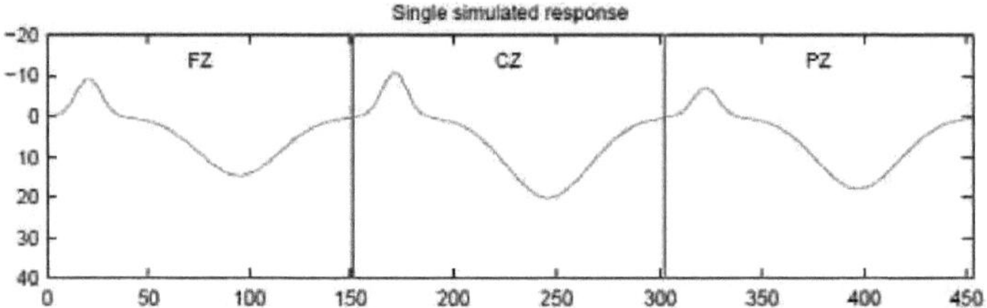

Figura 55: Resultado final, a linha fina indica o sinal normal do cérebro.

A Figura 54 mostra a resposta simulada única a partir da desmultiplexagem da resposta simulada e a Figura 55 mostra o resultado final utilizando a modulação e a desmodulação sem fios por QPSK (quadrature phase shift keying). O resultado final é a onda cerebral normal, que contém principalmente o componente alfa da onda cerebral normal.

Capítulo 6

VI Conclusão

Depois de ler todo o trabalho, concluí que este trabalho é muito útil para a sociedade, pois oferece uma solução eletrónica sem fios (como um pacemaker) para prevenir a epilepsia e a doença de Parkinson quando os medicamentos não funcionam, o que é realmente uma bênção para as pessoas que sofrem destas doenças. Como a minha solução é sem fios e utiliza o método de modulação e desmodulação Quadrature Phase Shift Keying (QPSK), as infecções no corpo são reduzidas. Até agora, só existia uma versão com fios, mas agora o Simulink foi utilizado em Matlab para desenvolver uma versão sem fios dos neuroestimuladores.

Além disso, ajuda

- Para minimizar os danos nos tecidos durante a operação.
- Adapta-se a ferramentas padrão com propriedades estáveis e biocompatíveis.
- Os eléctrodos devem ser suficientemente rígidos para suportar as forças de inserção durante o procedimento e para poderem posicionar os canais da sonda com precisão perto da pequena região do nervo subtalâmico (STN).
- Melhoria da funcionalidade e da participação nas actividades da vida diária.
- Menos medicamentos orais.
- Seguro e eficiente

A investigação foi efectuada no Mimhens Hospital, em Meerut, e no Kailash Hospital, em Noida, uma vez que estes hospitais me forneceram amostras de EEG de boa qualidade e precisas, testadas em Simulink no Matlab, bem como as instalações do equipamento necessário para a estimulação cerebral profunda em circuito fechado.

Os progressos futuros dependem dos seguintes factores cruciais: Desenvolvimento de matrizes de eléctrodos ou microeléctrodos, melhoria da deteção precoce, algoritmos que incorporem variáveis como os estados de alerta e as fases circadianas, exploração da otimização dos parâmetros específicos dos doentes, seleção de áreas-alvo adequadas para maximizar o desempenho.

VII Referências

[1] McDonough, W. & Braungart, M., "The NEXT Industrial Revolution", *The Altantic,* outubro de 1998.

[2] Reed, B., "Shifting our Mental Model - Sustainability to Regeneration. *Rethinking Sustainable Construction: Next Generation Green Buildings".* Sarasota, Florida, 2006.

[3] Faludi, J., "Biomimicry for Green Design (A How To)", *World Changing*, 2005.

[4] Vincent, J. F. V., Bogatyrev, O. A., Bogatyrev, N. R., Bowyer, A. & Pahl, A.-K. , "Biomimicry - its practice and theory", *Journal of the Royal Society Interface*, abril de 2006.

[5] Rasha Mahmoud Ali El-Zeiny "Biomimicry as a Problem Solving Methodology in Interior Architecture", *Procedia - Social and Behavioral Sciences,* ScienceDirect *;* vol. 50, pp. 502 - 512, 2012.

[6] Petur Orn Arnarson. "Biomimicry - New Technology", *Universidade de Rutgers*, 2011.

[7] I. Bartol, "Fluxos vorticais induzidos pelo corpo: um mecanismo comum de auto-correção da atitude

control in boxfishes", *Journal of Experimental Biology*, vol. 208, no. 2, pp. 327-344, 2005.

[8] William McDonough e Michael Braungart, "*Cradle to Cradle - Remaking the Way We Make Things"* Nova Iorque: North Point Press, 2002, p. 194.

[9] S. Abdelnaser Omran, "On Innovative Sustainable City Architecture Models for Sustainable Cities in Asia or in Europe", in *Strategies Towards the New Sustainability Paradigm*, 3rd ed. Springer International Publishing, 2015, pp. 171-183.

[10] Odile Schwarz Herion, Abdelnaser Omran. *Strategies Towards the New Sustainability Paradigm Managing the Great Transition to Sustainable Global Democracy [Estratégias para o novo paradigma da sustentabilidade: gerindo a grande transição para uma democracia global sustentável*]. Suíça: Springer International Publishing, 2015, pp. 171-183.

[11] J. F.V. Vincent, V. Bogatyrev. Olga A. Bogatyreva, Nikolaj R. Bogatyrev, Adrian Bowyer e Anja-Karina Pahl. "Biomimetics - its practice and theory. th*Journal of the Royal Society Interface*, vol. 9, 3 edição, pp. 471-82, abril de 2006.

[12] S. Oiseau. *Cat's paws and catapults*: *mechanical worlds of nature and man (Patas de gato e catapultas*: *mundos mecânicos da natureza e do homem).* Nova Iorque: W.W. Norton and Company, 1998.

[13] R. P. Garrod , L. G. Harris, W. C. E. Schofield, J. McGettrick, L.J. Ward, D. O. H. Teare & J. P. S. Badyal "Mimicking a Stenocara Beetle's Back for Microcondensation Using Plasmachemical Patterned Superhydrophobic-Superhydrophilic Surfaces" *Langmuir,* vol. 23, pp. 689-693, 16 de janeiro de 2007.

[14] A. R. Parker & C. R. Lawrence" Water capture by a desert beetle" (Captação de água por um escaravelho do deserto). *Nature,* vol. 414, p. 334, Nov. 2001.

[15] M. Killeen, "Water Web". *Revista Metropolis*, maio de 2002.

[16] K. Ravilious, "Borrowing nature's best ideas". *The Guardian*, julho de 2007.

[17] H. Aldersey Williams. *Zoomorphic - Nova arquitetura animal.* Londres: Laurence King Publishing, 2003.

[18] J. Reap Baumeister, B. D. Bras. *Holistic biomimicry and sustainable engineering (Biomimética holística e engenharia sustentável*). Orlando, FL, EUA: ASME International Mechanical Engineering Conference and Exposition, 2005.

[19] C. G. Jones & J. H. Lawton. *Linking species and ecosystems.* Nova Iorque: Chapman and Hall, 1995.

[20] A. D. Rosemond, & C. B. Anderson, "Engineering Role Models: Do Non-Human Species have the Answers?" (Modelos de Engenharia: As espécies não humanas têm as respostas? *Ecological Engineering,* vol. 20, 379-387, agosto de 2003.

[21] K. von Frisch & O. von Frisch. *Animal Architecture.* Nova Iorque: Helen and Kurt Wolff Books, 1974.

[22] M. Hansell. *Built by Animal the natural history of animal architecture.* Nova Iorque: Oxford University Press, 2005.

[23] J. Benyus . *Biomimicry - Innovation inspired by nature.* Nova Iorque: Harper Collins Publishers, 1997.

[24] J. A. Russell. "Evaluating the Sustainability of an Ecomimetic Energy System: An Energy Flow Assessment of South Carolina". Tese de doutoramento, Departamento de Engenharia Mecânica, Universidade da Carolina do Sul, Carolina do Sul, EUA, 2004.

[25] P. Graham. *Building Ecology - First Principles for a Sustainable Built Environment,* Reino Unido: Blackwell Publishing Ltd, 2003, p. 1-61.

[26] C. J. Kibert, J. Sendzimir& G. B. Guy. *The Ecology of Construction.* Nova Iorque: Spon Press, 2002.

[27] J. Korhonen. "Four Ecosystem Principles for an Industrial Ecosystem" *Journal of Cleaner Production, Elsevier Science Ltd,* vol.9, p.253-259, 2001.

[28] M. Pedersen Zari, & J. B. Storey, "An Ecosystem Based Biomimetic Theory for a Regenerative Built Environment". *in proc. Conferência de Construção Sustentável de Lisboa.* Lisboa, Portugal, 2007.

[29] Buthayana Hasan Eilouti, "Environmental Knowledge as Design Development Agent. " *Systemics, Cybernetics and Informatics*, vol. 10, pp.10-12, 2012.

[30] J. Todd & B. Josephson, "The Design of Living Technologies for Waste Treatment". *Ecological Engineering, Elsevier,* vol. 6, pp. 109 - 136, 1996.

[31] Jason Alexander Hayter, "Lloyd Crossing Sustainable Urban Design Plan and Catayst Project -

Portland, Oregon", *Places*, vol. 3, pp.1-4, 2005.

[32] G. Pierre de feu. *Biomorphe Architektur - Menschenliche und tierische Formen in der Architektur.* Estugarda: Edition Axel Menges, 2002.

[33] K. Ravilious "Borrowing from Nature's Best Ideas" The *Guardian* (31 de julho de 2007).

[34] Dr. BS Sahni, "Epilepsy", Internet: http://www.homoeopathyclinic.com.

[35] W. Hauser, J. Annegers e L. Kurland, "Incidence of Epilepsy and Unprovoked Seizures in Rochester, Minnesota: 1935-1984", *Epilepsia*, vol. 34, no. 3, pp. 453-458, 1993.

[36] P. Kwan e M. Brodie, "Early Identification of Refractory Epilepsy", *New England Journal of Medicine*, vol. 342, no. 5, pp. 314-319, 2000.

[37] J. Engel, S. Wiebe, J. French, M. Sperling, P. Williamson, D. Spencer, R. Gumnit, C. Zahn, E. Westbrook e B. Enos, 'Practice Parameter: Localized temporal lobe and neocortical resections in epilepsy', *Epilepsia*, vol. 44, no. 6, pp. 741-751, 2003.

[38] J. Brown e N. Barbaro, "Motor cortex stimulation for central and neuropathic pain: current status", *Pain*, vol. 104, no. 3, pp. 431-435, 2003.

[39] H. Kayyali e D. Durand, "Effects of applied currents on epileptiform bursts in vitro", *Experimental Neurology*, vol. 113, no. 2, pp. 249-254, 1991.

[40] B. Gluckman, H. Nguyen e S. Schiff, "Adaptive electric field control of epileptic seizures", *Ata Neurologica Scandinavica*, vol. 102, no. 175, pp. 5-52, 2000.

[41] M. Colpan, Y. Li, J. Dwyer e D. Mogul, "Proportional Feedback Stimulation for Seizure Control in Rats", *Epilepsia*, vol. 48, n.º 8, pp. 1594-1603, 2007. 48, no. 8, pp. 1594-1603, 2007.

[42] B. Feddersen, L. Vercueil, S. Noachtar, O. David, A. Depaulis e C. Deransart, "Controlar as convulsões não é controlar a epilepsia: um estudo paramétrico da estimulação cerebral profunda para a epilepsia", *Neurobiology of Disease*, vol. 27, n.º 3, p. 292-300, 2007. 27, no. 3, p. 292-300, 2007.

[43] T. Nelson, C. Suhr, D. Freestone, A. Lai, A. Halliday, K. Mclean, A. Burkitt e M. Cook, "Closed-Loop Seizure Control with very high frequency electrical stimulation at seizure onset in the Gaers Model of absence epilepsy", *Int. J. Neur. Syst.* vol. 21, no. 02, pp. 163-173, 2011.

[44] S. Nair, "Effects of Acute Hippocampal Stimulation on EEG Dynamics", *28.ª Conferência Internacional Anual do IEEE EMBS*, Nova Iorque, EUA, 2006.

[45] L. Good, S. Sabesan, S. Marsh, K. Tsakalis, D. Trieman e L. Iasemidis, "Control Of Synchronization of brain dynamics leads to control of epileptic seizures in Rodents", *Int. J. Neur. Syst.* vol.

19, no. 03, pp. 173-196, 2009.

[46] L. Wang, H. Guo, X. Yu, S. Wang, C. Xu, F. Fu, X. Jing, H. Zhang e X. Dong, "Responsive Electrical Stimulation Suppresses Epileptic Seizures in Rats," *PLoS ONE*, vol. 7, no. 5, p. e38141, 2012.

[47] A. Berenyi, M. Belluscio, D. Mao e G. Buzsaki, "Closed-Loop Control of Epilepsy by Transcranial Electrical Stimulation", *Science*, vol. 337, n.º 6095, pp. 735-737, 2012.

[48] R. Lesser, S. Kim, L. Beyderman, D. Miglioretti, W. Webber, M. Bare, B. Cysyk, G. Krauss e B. Gordon, "Brief bursts of pulse stimulation terminate afterdischarges caused by cortical stimulation", *Neurology*, vol. 53, no. 9, pp. 2073-2073, 1999.

[49] I. Osorio, M. Frei e S. Wilkinson, "Real-Time Automated Detection and Quantitative Analysis of Seizures and Short-Term Prediction of Clinical Onset", *Epilepsia*, vol. 39, no. 6, pp. 615-627, 1998.

[50] T. Peters, N. Bhavaraju, M. Frei e I. Osorio, "Network System for Automated Seizure Detection and Contingent Delivery of Therapy", *Journal of Clinical Neurophysiology*, vol. 18, n.º 6, pp. 545-549, 2001. 18, no. 6, pp. 545-549, 2001.

[51] E. Kossoff, E. Ritzl, J. Politsky, A. Murro, J. Smith, R. Duckrow, D. Spencer e G. Bergey, "Effect of an External Responsive Neurostimulator on Seizures and Electrographic Discharges during Subdural Electrode Monitoring", *Epilepsia*, vol. 45, no. 12, pp. 1560-1567, 2004.

[52] K. Fountas, J. Smith, A. Murro, J. Politsky, Y. Park e P. Jenkins, "Implantation of a Closed-Loop Stimulation in the Management of Medically Refractory Focal Epilepsy", *Stereotactic and Functional Neurosurgery*, vol. 83, n.º 4, pp. 153-158, 2005.

[53] J. Smith, K. Fountas, A. Murro, Y. Park, P. Jenkins, M. Morrell, R. Esteller e D. Greene, "Closed-Loop Stimulation in the Control of Focal Epilepsy of Insular Origin", *Stereotactic and Functional Neurosurgery*, vol. 88, n.º 5, pp. 281-287, 2010.

[54] R. Enatsu, A. Alexopoulos, W. Bingaman e D. Nair, "Efeito complementar da ressecção cirúrgica e da estimulação cerebral reactiva no tratamento da epilepsia do lobo bitemporal: um relato de caso", *Epilepsy & Behavior*, vol. 24, no. 4, pp. 513-516, 2012.

[55] M. Morrell, "Responsive cortical stimulation for the treatment of medically intractable partial epilepsy," *Neurology*, vol. 77, no. 13, pp. 1295-1304, 2011.

[56] L. Galvani, *Bon. Sci. Art Inst. Acd. Comm.* vol.7, 363-418, 1791 (tradução inglesa de M. Glover Foley, 1953, Brundy).

[57] A. [1]Volta, "Del modo di render sensibilissima la piA debole elettricitA", *Philosophical*

Transactions of the Royal Society, vol. 72, pp.237 -280, 1782 .

[58] G.B.A. Duchenne, "*De l'e,lectrisation locise,e et de son application a laphysiologie, a la pathologie et a la the,rapeutique*",1855 .

[59] Graeme Milbourne Clark e David Bruce Grayden, "Sound processor for cochlear implants", U. S. Patent 7010354 B1, Sep. 1, 2000.

[60] A. MacDiarmid e Arthur J. Epstein, "Synthetic metals: a novel role for organic polymers", in *Proc. of Annual International Conference of IEEE, Seattle, WA,* 1989.

[61] Nigel H Lovell, "Simulating prosthetic vision: I. Visual models of Phosphenes", *Visual research*, Elsevier, vol. 45, p. 775-778, 2005.

[62] Melanie SM van Breemen, Erik B Wilms, Charles J Vecht "Epilepsy in patients with brain tumours: epidemiology, mechanisms, and management", *The Lancet Neurology* , vol. 6 , no. 5, pp.421-430, maio de 2007.

[63] Michael R. Trimble, "Anticonvulsants and cognitive function: A review of literature", *Epilepsia*, Vol. 28, issue supplement s3, pp. s37-s45, Nov. 2007.

[64] Ronald Levin, Sherrie Banks e Beverly Berg, "Psychosocial Dimensions of Epilepsy: A review of Literature", *Epilepsia*, vol. 29, número 6, pp. 805-816, Nov. 2007.

[65] Felice T. Sun e Martha J. Morrell, "Closed Loop Neurostimulation: The Clinical Experience", *Neurotherapeutics,* vol.11, issue 3, pp. 553-563, Jul.2014.

[66] R. G. E. Clement, K.E. Bugler, C.W. Oliver, "Bionic prosthetic hand: A review of present technology and further aspirations", *The Surgeon , Journal of the Royal Colleges of Surgeons of Edinburg and Ireland, Elsevier ,* vol. 9 , pp. 336-340, 2011.

[67] A Handforth, CM DeGiorgio, SC Schachter et. al, "Vagus nerve stimulation therapy for partial onset seizures: a randomized active control trial", *Neurology*; *vol.* 51, pp. 48-55, 1998.

[68] A Berenyi, M Belluscio, D Mao, & , G. Buzsaki, "Closed-loop control of epilepsy by transcranial electrical stimulation", *Science* , vol. 337, pp. 735-7, 2012.

[69] Bruce J. Gluckman, Hanh Nguyen, Steven L. Weinstein e Steven J. Schiff, "Adaptive Electric Field Control of Epileptic Seizures", *The Journal of Neuroscience*, vol. 21, número 2, pp. 590-600, Jan. 2001.

[70] J. Volkmann," Deep brain stimulation for treatment of Parkinson's disease", *J Clin Neurophysiol*, vol.21, issue 1, pp. 6-17, Jan-Fev 2004.

[71] Jonathan R. Wolpaw, Neils Birbaumer, Dennis J. McFarland, Gert Pfurtscheller, Theresa M. Vaughan, "Brain-computer interfaces for communication and control", *Clinical Neurophysiology*, vol. 113, p. 767-791, 2002.

[72] M. E. Colpan e D. J. Mogul, "Proportional feedback stimulation for seizure control in rats", *Epilepsia.* Vol. 48, p. 1594-603, 2007.

[73] Beth A. Lopour e Andrew J. Szeri," A model of feedback control for the charge-balanced suppression of epileptic seizures", *J. Comput Neurosci*, vol. 28, número 3, pp. 375-387, junho de 2010.

[74] T. Kameneva, M. Abramian,D. Zarelli,D. Nesic, AN Burkitt,H. Meffin, DB Grayden, "Modelo de resposta neural do histórico de picos", *J. Comput Neurosci*, vol. 38, issue 3, pp. 463-481, Jun 2015.

[75] Nicolau V. Apolo, Matias I. Muturana, Wei Tong, David A.X. Nayangam, Mohit N. Shivdasani, Javad Foroughi, Gordon G. Wallace, Steven Prawer, Michael R. Ibbotson e David J. Garrett, "Soft, Flexible Freestanding Neural Stimulation and Recording Electrodes Fabricated from Reduced Graphene Oxide", *Adv. Func. Material* , vol. 25, pp. 3551-3559, 2015.

[76] S. Abdulkader, A. Atia, e M. Mostafa, "Brain Computer Interfacing: Applications and challenges," *Egyptian Informatics Journal*, Vol. 16, No. 2, pp. 213-230, 2015.

[77] B. Fan e W. Li, "Miniaturized optogenetic neural implants: a review," *Lab Chip*, Vol. 15, No. 19, pp. 3838-3855, 2015.

[78] C. Faria, W. Erlhagen, M. Rito, E. De Momi, G. Ferrigno e E. Bicho, "Revisão da Tecnologia Robótica para Neurocirurgia Estereotáxica", *IEEE Rev. Biomed. Eng*, vol. 8, pp. 125-137, 2015.

[79] L. Kuhlmann, D. Grayden, F. Wendling e S. Schiff, "Role of Multiple-Scale Modeling of Epilepsy in Seizure Forecasting," *Journal of Clinical Neurophysiology*, vol. 32, no. 3, pp. 220-226, 2015.

[80] "Web MD", 2015 [online]. Disponível em: http://Epilepsy Drugs to Treat Seizures. [Acedido em: 13- Out- 2015].

[81] S. Krahl, "Estimulação do nervo vago para epilepsia: Uma revisão dos mecanismos periféricos," *Surgical Neurology International*, vol. 3, no. 2, p. 47, 2012.

[82] E. Ben-Menachem, R. Manon-Espaillat, R. Ristanovic, B. Wilder, H. Stefan, W. Mirza, W. Tarver e J. Wernicke, "Vagus Nerve Stimulation for Treatment of Partial Seizures: 1. A Controlled Study of Effect on Seizures", *Epilepsia*, vol. 35, n.º 3, pp. 616-626, 1994. 35, no. 3, pp. 616-626, 1994.

[83] M. George, H. Sackeim, A. Rush, L. Marangell, Z. Nahas, M. Husain, S. Lisanby, T. Burt, J. Goldman e J. Ballenger, "Vagus nerve stimulation: a new tool for brain research and therapy", *Biological*

Psychiatry, vol. 47, n.º 4, pp. 287-295, 2000. 47, no. 4, pp. 287-295, 2000.

[84] R. Fisher, G. Krauss, E. Ramsay, K. Laxer e J. Gates, "Assessment of vagus nerve stimulation for epilepsy: Report of the Therapeutics and Technology Assessment Subcommittee of the American Academy of Neurology", *Neurology*, vol. 49, no. 1, pp. 293-297, 1997.

VIII. Bibliografia

[1] http://apdaparkinson.org/user/AboutParkinson.asp

[2] http://parkinsons.bsd.uchicago.edu/Overview/Symptoms.htm

APÊNDICE

Code for feature extraction is as follows:

```
load('Signal1.mat');

 s=data(1:2500,3);% taken values from c3 electrode

figure;p=plot(s);

title('EEG Signal')


fs = 500;

% Sampling frequency

N=length(s);
waveletFunction = 'db8';
        [C,L] = wavedec(s,8,waveletFunction);

        cD1 = detcoef(C,L,1);
        cD2 = detcoef(C,L,2);
        cD3 = detcoef(C,L,3);
        cD4 = detcoef(C,L,4);
        cD5 = detcoef(C,L,5); %GAMA
        cD6 = detcoef(C,L,6); %BETA
        cD7 = detcoef(C,L,7); %ALPHA
        cD8 = detcoef(C,L,8); %THETA
        cA8 = appcoef(C,L,waveletFunction,8); %DELTA
        D1 = wrcoef('d',C,L,waveletFunction,1);
        D2 = wrcoef('d',C,L,waveletFunction,2);
        D3 = wrcoef('d',C,L,waveletFunction,3);
        D4 = wrcoef('d',C,L,waveletFunction,4);
        D5 = wrcoef('d',C,L,waveletFunction,5); %GAMMA
        D6 = wrcoef('d',C,L,waveletFunction,6); %BETA
        D7 = wrcoef('d',C,L,waveletFunction,7); %ALPHA
        D8 = wrcoef('d',C,L,waveletFunction,8); %THETA
        A8 = wrcoef('a',C,L,waveletFunction,8); %DELTA

        Gamma = D5;
```

```
figure; subplot(5,1,1); plot(1:1:length(Gamma),Gamma);title('GAMMA');

    Beta = D6;
    subplot(5,1,2); plot(1:1:length(Beta), Beta); title('BETA');

    Alpha = D7;
    subplot(5,1,3); plot(1:1:length(Alpha),Alpha); title('ALPHA');


    Theta = D8;
    subplot(5,1,4); plot(1:1:length(Theta),Theta);title('THETA');


    Delta = A8;
    %figure, plot(0:1/fs:1,Delta);
    subplot(5,1,5);plot(1:1:length(Delta),Delta);title('DELTA');


D5 = detrend(D5,0);
xdft = fft(D5);
freq = 0:N/length(D5):N/2;
xdft = xdft(1:length(D5)/2+1);
figure;subplot(511);plot(freq,abs(xdft));title('GAMMA-FREQUENCY');
[~,I] = max(abs(xdft));
fprintf('Gamma:Maximum occurs at %3.2f Hz.\n',freq(I));

D6 = detrend(D6,0);
xdft2 = fft(D6);
freq2 = 0:N/length(D6):N/2;
xdft2 = xdft2(1:length(D6)/2+1);
% figure;
subplot(512);plot(freq2,abs(xdft2));title('BETA');
[~,I] = max(abs(xdft2));
fprintf('Beta:Maximum occurs at %3.2f Hz.\n',freq2(I));

D7 = detrend(D7,0);
xdft3 = fft(D7);
freq3 = 0:N/length(D7):N/2;
xdft3 = xdft3(1:length(D7)/2+1);
% figure;
subplot(513);plot(freq3,abs(xdft3));title('ALPHA');
[~,I] = max(abs(xdft3));
fprintf('Alpha:Maximum occurs at %f Hz.\n',freq3(I));
D8 = detrend(D8,0);
xdft4 = fft(D8);
```

```
freq4 = 0:N/length(D8):N/2;
xdft4 = xdft4(1:length(D8)/2+1);
% figure;
subplot(514);plot(freq4,abs(xdft4));title('THETA');
[~,I] = max(abs(xdft4));
fprintf('Theta:Maximum occurs at %f Hz.\n',freq4(I));

A8 = detrend(A8,0);
xdft5 = fft(A8);
freq5 = 0:N/length(A8):N/2;
xdft5 = xdft5(1:length(A8)/2+1);
% figure;
subplot(515);plot(freq3,abs(xdft5));title('DELTA');
[~,I] = max(abs(xdft5));
fprintf('Delta:Maximum occurs at %f Hz.\n',freq5(I));

%%%%%%%%%%%%%%%%%%%%%%%%%%%%%%%%%%%%%%%%%%%%%%%%%%%%%%%%%
%% Implemention of a Low pass Butterworth filter
%%%%%%%%%%%%%%%%%%%%%%%%%%%%%%%%%%%%%%%%%%%%%%%%%%%%%%%%%

%% change the data, sampling frequency, cutoff frequency and order of the filter based on your requirements
%% I have provided sample data file- a noisy sine wave

xx = [1:100];
data = sin(188*xx)+rand(1,100);  % noisy data; change it to whatever is your data


f=30;%  sampling frequency
f_cutoff = 5; % cutoff frequency

fnorm =f_cutoff/(f/2); % normalized cut off freq, you can change it to any value depending on your requirements

[b1,a1] = butter (10,fnorm,'low'); % Low pass Butterworth filter of order 10
low_data = filtfilt(b1,a1,data); % filtering


freqz (b1,a1,128,f), title('low pass filter characteristics')
subplot (2,1,1), plot(data), title('Actual data')
subplot(2,1,2), plot(low_data), title('Filtered data')

%%%%%%%%%%%%%%%%%%%%%%%%%%%%%%%%%%%%%%%%%%%%%%
% Matlab code for analog to digital converter
%%%%%%%%%%%%%%%%%%%%%%%%%%%%%%%%%%%%%%%%%%%%%%
```

```
function [Digital_value] = a2d(Analog_value,Bits,Volts,time_length,Fs)
%function [Digital_value] = a2d(analog_value,bits,volts,time_length,Fs)
% A2D is an analog to Digital converter
%
% Analog_value = analog value to digitise
% Bits = bit-resolution of A/D
% Volts = input volt-range of A/D
% time_length = time span of input signal
% Fs = sampling frequency in Hz
%
% Digital_value = Quantised digitised analog value
vpb=2*Volts/(2^Bits-1); % Volts per Bit
index=find(Analog_value>Volts);
if ~isempty(index)
  Analog_value(index)=Volts;
end
clear index;
index=find(Analog_value<-Volts);
if ~isempty(index)
  Analog_value(index)=-Volts;
end
Dig=round(Analog_value/vpb)*vpb; % Quantised Analog input
samples_per_sec=length(Dig)/time_length;
sample_step=samples_per_sec/Fs;
if (sample_step<1)
   error('Cant interpolate');
end
Digital_val=zeros(1,length(Dig));
Digital_val(1:sample_step:end)=Dig(1:sample_step:end);
for i=1:sample_step:length(Digital_val)
  Digital_val(i:i-1+sample_step)=Digital_val(i);
end
  Digital_value=Digital_val(1:length(Dig)); % Digitised analog input

%%%%%%%%%%%%%%%%%%%%%%%%%%%%%%%%%%%%%%%%%
% Spatial Multiplexing
%%%%%%%%%%%%%%%%%%%%%%%%%%%%%%%%%%%%%%%%%%
% Stimulation Parameters
%%%%%%%%%%%%%%%%%%%%%%%%%%%%%%%%%%%%%%%%%%%%%
N = 2;              % Number of transmit antennas
M = 2;              % Number of receive antennas
EbNoVec = 2:3:8;    % Eb/No in dB
```

modOr% Create a local random stream to be used by random number generators for

```
% repeatability.
hStr = RandStream('mt19937ar');

% Create PSK modulator and demodulator System objects
hMod   = comm.PSKModulator(...
        'ModulationOrder', 2^modOrd,
        'PhaseOffset',     0...
        'BitInput',        true);
hDemod = comm.PSKDemodulator ( ...
        'ModulationOrder', 2^modOrd, ...
        'PhaseOffset',     0, ...
        'BitOutput',       true);

% Create error rate calculation System objects for 3 different receivers
hZFBERCalc   = comm.ErrorRate;
hMMSEBERCalc = comm.ErrorRate;
hMLBERCalc   = comm.ErrorRate;

% Get all bit and symbol combinations for ML receiver
allBits  = de2bi(0:2^(modOrd*N)-1, 'left-msb')';
allTxSig = reshape(step(hMod, allBits(:)), N, 2^(modOrd*N));

% Pre-allocate variables to store BER results for speed
[BER_ZF, BER_MMSE, BER_ML] = deal(zeros(length(EbNoVec), 3));
% Set up a figure for visualizing BER results
h = gcf;
grid on;
hold on;
ax = gca;
ax.YScale = 'log'
xlim([EbNoVec(1)-0.01 EbNoVec(end)]);
ylim([1e-3 1]);
xlabel('Eb/No (dB)');
ylabel('BER');
h.NumberTitle = 'off';
h.Renderer = 'zbuffer';
h.Name = 'Spatial Multiplexing';
title('2x2 Uncoded QPSK System');

% Loop over selected EbNo points
for idx = 1:length(EbNoVec)
  % Reset error rate calculation System objects
```

```
reset(hZFBERCalc);
reset(hMMSEBERCalc);
reset(hMLBERCalc);

% Calculate SNR from EbNo for each independent transmission link
snrIndB = EbNoVec(idx) + 10*log10(modOrd);
snrLinear = 10^(0.1*snrIndB);

while (BER_ZF(idx, 3) < 1e5) && ((BER_MMSE(idx, 2) < 100) || ...
    (BER_ZF(idx, 2) < 100) || (BER_ML(idx, 2)  < 100))
  % Create random bit vector to modulate
  msg = randi(hStr, [0 1], [N*modOrd, 1]);

  % Modulate data
  txSig = step(hMod, msg);

  % Flat Rayleigh fading channel with independent links
  rayleighChan = (randn(hStr, M, N) +  1i*randn(hStr, M, N))/sqrt(2);

  % Add noise to faded data
  rxSig = awgn(rayleighChan*txSig, snrIndB, 0, hStr);

  % ZF-SIC receiver
  r = rxSig;
  H = rayleighChan; % Assume perfect channel estimation
  % Initialization
  estZF = zeros(N*modOrd, 1);
  orderVec = 1:N;
  k = N+1;
  % Start ZF nulling loop
  for n = 1:N
    % Shrink H to remove the effect of the last decoded symbol
    H = H(:, [1:k-1,k+1:end]);
    % Shrink order vector correspondingly
    orderVec = orderVec(1, [1:k-1,k+1:end]);
    % Select the next symbol to be decoded
    G = (H'*H) \ eye(N-n+1); % Same as inv(H'*H), but faster
    [~, k] = min(diag(G));
    symNum = orderVec(k);

    % Hard decode the selected symbol
    decBits = step(hDemod, G(k,:) * H' * r);
    estZF(modOrd * (symNum-1) + (1:modOrd)) = decBits;

    % Subtract the effect of the last decoded symbol from r
```

```
        if n < N
            r = r - H(:, k) * step(hMod, decBits);
        end
    end

    % MMSE-SIC receiver
    r = rxSig;
    H = rayleighChan;
    % Initialization
    estMMSE = zeros(N*modOrd, 1);
    orderVec = 1:N;
    k = N+1;
    % Start MMSE nulling loop
    for n = 1:N
        H = H(:, [1:k-1,k+1:end]);
        orderVec = orderVec(1, [1:k-1,k+1:end]);
        % Order algorithm (matrix G calculation) is the only difference
        % with the ZF-SIC receiver
        G = (H'*H + ((N-n+1)/snrLinear)*eye(N-n+1)) \ eye(N-n+1);
        [~, k] = min(diag(G));
        symNum = orderVec(k);

        decBits = step(hDemod, G(k,:) * H' * r);
        estMMSE (modOrd * (symNum-1) + (1:modOrd)) = decBits;

        if n < N
            r = r - H(:, k) * step(hMod, decBits);
        end
    end

    % ML receiver
    r = rxSig;
    H = rayleighChan;
    [~, k] = min(sum(abs(repmat(r,[1,2^(modOrd*N)]) - H*allTxSig).^2));
    estML = allBits(:,k);

    % Update BER
    BER_ZF( idx, :) = step(hZFBERCalc,   msg, estZF);
    BER_MMSE(idx, :) = step(hMMSEBERCalc, msg, estMMSE);
    BER_ML( idx, :) = step(hMLBERCalc,   msg, estML);
end

% Plot results
semilogy(EbNoVec(1:idx), BER_ZF( 1:idx, 1), 'r*', ...
      EbNoVec(1:idx), BER_MMSE(1:idx, 1), 'bo', ...
```

```
        EbNoVec(1:idx), BER_ML( 1:idx, 1), 'gs');
  legend('ZF-SIC', 'MMSE-SIC', 'ML');
  drawnow;
end

% Draw the lines
semilogy(EbNoVec, BER_ZF( :, 1), 'r-', ...
      EbNoVec, BER_MMSE(:, 1), 'b-', ...
      EbNoVec, BER_ML( :, 1), 'g-');
hold off;
ax =

  Axes with properties:

         XLim: [0 1]
         YLim: [0.1000 1]
       XScale: 'linear'
       YScale: 'log'
  GridLineStyle: '-'
      Position: [0.1300 0.1100 0.7750 0.8150]
         Units: 'normalized'


%XXXXXXXXXXXXXXXXXXXXXXXXXXXXXXXXXXXXXXXXXXXXXXXXXXXX
XXXXXXXXXXXXXXXXXXXX
%XXXX QPSK Modulation and Demodulation without consideration of noise XXXXX
%XXXXXXXXXXXXXXXXXXXXXXXXXXXXXXXXXXXXXXXXXXXXXXXXXXXX
XXXXXXXXXXXXXXXXXXXX


clc;
clear all;
close all;
data=[0  1 0 1 1 1 0 0 1 1]; % information

%Number_of_bit=1024;
%data=randint(Number_of_bit,1);

figure(1)
stem(data, 'linewidth',3), grid on;
title('  Information before Transmiting ');
axis([ 0 11 0 1.5]);
data_NZR=2*data-1; % Data Represented at NZR form for QPSK modulation
s_p_data=reshape(data_NZR,2,length(data)/2);  % S/P convertion of data
```

```
br=10.^6; %Let us transmission bit rate  1000000
f=br; % minimum carrier frequency
T=1/br; % bit duration
t=T/99:T/99:T; % Time vector for one bit information

% XXXXXXXXXXXXXXXXXXXXXXX QPSK modulation code
XXXXXXXXXXXXXXXXXXXXXXXXXXXXXXXXX
y=[];
y_in=[];
y_qd=[];
for(i=1:length(data)/2)
   y1=s_p_data(1,i)*cos(2*pi*f*t); % inphase component
   y2=s_p_data(2,i)*sin(2*pi*f*t) ;% Quadrature component
   y_in=[y_in y1]; % inphase signal vector
   y_qd=[y_qd y2]; %quadrature signal vector
   y=[y y1+y2]; % modulated signal vector
end
Tx_sig=y; % transmitting signal after modulation
tt=T/99:T/99:(T*length(data))/2;

figure(2)

subplot(3,1,1);
plot(tt,y_in,'linewidth',3), grid on;
title(' wave form for inphase component in QPSK modulation ');
xlabel('time(sec)');
ylabel(' amplitude(volt0');

subplot(3,1,2);
plot(tt,y_qd,'linewidth',3), grid on;
title(' wave form for Quadrature component in QPSK modulation ');
xlabel('time(sec)');
ylabel(' amplitude(volt0');


subplot(3,1,3);
plot(tt,Tx_sig,'r','linewidth',3), grid on;
title('QPSK modulated signal (sum of inphase and Quadrature phase signal)');
xlabel('time(sec)');
ylabel(' amplitude(volt0');
```

```
% XXXXXXXXXXXXXXXXXXXXXXXXXXXXX QPSK demodulation
XXXXXXXXXXXXXXXXXXXXXXXXXXX
Rx_data=[];
Rx_sig=Tx_sig; % Received signal
for(i=1:1:length(data)/2)

   %%XXXXXX inphase coherent dector XXXXXXX
   Z_in=Rx_sig((i-1)*length(t)+1:i*length(t)).*cos(2*pi*f*t);
   % above line indicat multiplication of received & inphase carred signal

   Z_in_intg=(trapz(t,Z_in))*(2/T);% integration using trapizodial rull
   if(Z_in_intg>0) % Decession Maker
      Rx_in_data=1;
   else
     Rx_in_data=0;
   end

   %%XXXXXX Quadrature coherent dector XXXXXX
   Z_qd=Rx_sig((i-1)*length(t)+1:i*length(t)).*sin(2*pi*f*t);
   %above line indicate multiplication ofreceived & Quadphase carred signal

   Z_qd_intg=(trapz(t,Z_qd))*(2/T);%integration using trapizodial rull
      if (Z_qd_intg>0)% Decision Maker
      Rx_qd_data=1;
      else
     Rx_qd_data=0;
      end


      Rx_data=[Rx_data  Rx_in_data  Rx_qd_data]; % Received Data vector
end


figure(3)
stem(Rx_data,'linewidth',3)
title('Information after Receiveing ');
axis([ 0 11 0 1.5]), grid on;


% XXXXXXXXXXXXXXXXXXXXXXXXXX    end of program
XXXXXXXXXXXXXXXXXXXXXXXXXXX
```

Printed by Books on Demand GmbH, Norderstedt / Germany